Berichte aus dem
Institut für Umformtechnik
der Universität Stuttgart
Herausgeber: Prof. Dr.-Ing. Dr. h.c. K. Lange

101

Jürgen Gerhardt

Numerische Simulation dreidimensionaler Umformvorgänge mit Einbezug des Temperaturverhaltens

Mit 59 Abbildungen und 2 Tabellen

Springer-Verlag Berlin Heidelberg GmbH 1989

Dipl.-Ing. Jürgen Gerhardt
Institut für Umformtechnik
Universität Stuttgart

Dr.-Ing. Dr. h. c. Kurt Lange
o. Professor em. an der Universität Stuttgart
Institut für Umformtechnik

D 93

ISBN 978-3-540-51331-5   ISBN 978-3-662-09026-8 (eBook)
DOI 10.1007/978-3-662-09026-8

2362/3020—543210

Die Umformtechnik zeichnet sich durch sehr gute Werkstoffaus-
wertung und hohe Mengenleistung in der Serienfertigung gegenüber anderen Fertigungsverfahren aus, wobei Beibehaltung der
Masse, Änderung der Festigkeitseigenschaften während eines Vorgangs und elastische Rückfederung der Werkstücke nach einem
Vorgang wesentliche Merkmale sind. Weiter sind die benötigten
Kräfte, Arbeiten und Leistungen sehr viel größer als z.B. bei
spanenden Verfahren. Die sichere Beherrschung eines Verfahrens
in der industriellen Fertigung und die zunehmende Forderung
nach Vermeidung bzw. Minimierung spanender Nacharbeit erzwingen
die geschlossene Betrachtung des Systems "Umformende Fertigung"
unter zentraler Berücksichtigung plastizitätstheoretischer,
werkstoffkundlicher und tribologischer Grundlagen.

Das Institut für Umformtechnik der Universität Stuttgart stellt
entsprechend Forschung und Entwicklung zum einen auf die Erarbeitung von Grundlagenwissen in diesen Bereichen ab, zum anderen
untersucht und entwickelt es Verfahren unter Anwendung speziel-
ler Meßtechniken mit dem Ziel einer genauen quantitativen Ermittlung des Einflusses der Parameter von Vorgang, Werkstoff,
Werkzeug und Maschine. Die Behandlung von Problemen des Maschi-
nenverhaltens, der Maschinenkonstruktion sowie der Werkzeugaus-
legung und -beanspruchung, der Auswahl hochbeanspruchbarer,
verschleißfester Werkzeugbaustoffe und schließlich der Tribo-
logie gehört entsprechend ebenfalls zum Arbeitsgebiet, das
durch die Erfassung organisatorischer und betriebswirtschaft-
licher Fragen abgerundet wird.

Im Rahmen der "Berichte aus dem Institut für Umformtechnik" erscheinen in zwangloser Folge jährlich mehrere Bände, in denen
über einzelne Themen ausführlich berichtet wird. Dabei handelt
es sich vornehmlich um Abschlußberichte von Forschungsvorhaben,
Dissertationen, aber gelegentlich auch um andere Texte. Diese
Berichte sollen den in der Praxis stehenden Ingenieuren und
Wissenschaftlern zur Weiterbildung dienen und eine Hilfe bei
der Lösung umformtechnischer Aufgaben sein. Für die Studieren-

den bieten sie die Möglichkeit zur Vertiefung der Kenntnisse. Die seit zwei Jahrzehnten bewährte freundschaftliche Zusammenarbeit mit dem Springer-Verlag sehe ich als beste Voraussetzung für das Gelingen dieses Vorhabens an.

Kurt Lange

Vorwort

Die vorliegende Arbeit entstand während meiner Tätigkeit als wissenschaftlicher Mitarbeiter am Institut für Umformtechnik der Universität Stuttgart.

Herrn Professor em. Dr.-Ing. Dr.h.c. Kurt Lange danke ich herzlich für das mir entgegengebrachte Vertrauen und seine wohlwollende Unterstützung bei der Durchführung dieser Arbeit.

Herrn Professor Dr.-Ing. Elmar Steck bin ich für die eingehende Durchsicht der Arbeit sowie für die wertvollen Diskussionen und Anregungen zu Dank verpflichtet.

Grundlegende Fachdiskussionen mit Herrn Professor Dr.-Ing. A.E. Tekkaya und Herrn Professor Dr.-Ing. Karl Roll haben zum Gelingen dieser Arbeit beigetragen, wofür ich ihnen ebenfalls danke.

Mein Dank gilt ferner allen Mitarbeiterinnen und Mitarbeitern des Instituts für Umformtechnik, die durch ihre Hilfe meine Arbeit unterstützt haben.

Die finanziellen Mittel zur Durchführung dieser Untersuchung wurden von der Deutschen Forschungsgemeinschaft zur Verfügung gestellt. Für diese Förderung bin ich gleichfalls zu Dank verpflichtet.

Wermelskirchen, April 1989

Jürgen Gerhardt

Inhaltsverzeichnis

VERZEICHNIS DER WICHTIGSTEN ABKÜRZUNGEN

ALLGEMEINE ZEICHEN

σ'_{ij}	N/mm^2	Komponenten des Spannungsdeviators
σ_{ij}	N/mm^2	Komponenten des Spannungstensors
$\bar{\sigma}$	N/mm^2	Vergleichsspannung
σ_m	N/mm^2	hydrostatische Spannung
k_f	N/mm^2	Fließspannung
$\underline{q}^0$	N/mm^2	Randspannungsvektor eines finiten Elementes
$\dot{\varepsilon}_{ij}$	$1/s$	Komponenten des Formänderungsgeschwindigkeitstensors
$\underline{\dot{\varepsilon}}$	$1/s$	Vektor der Formänderungsgeschwindigkeiten
$\dot{\bar{\varepsilon}}$	$1/s$	Vergleichsformänderungsgeschwindigkeit
$\bar{\varphi}$	-	Vergleichsumformgrad
$\bar{\varepsilon}$	-	Vergleichsformänderung
$v_{i,j}$	$1/s$	Ableitung der Geschwindigkeiten nach den Raumkoordinaten
$\underline{v}_0$	mm/s	Anfangsgeschwindigkeitsvektor
$v_i , \underline{v}$	mm/s	Vektor der Geschwindigkeiten
x_i	mm	Vektor der Raumkoordinaten
x, y, z	mm	kartesische Koordinaten
ξ, η, ζ	-	Elementkoordinaten
T	$K, {}^oC$	Temperatur
$\dot{T}$	K/s	Zeitableitung der Temperatur
$T_{,ii}$	K/mm^2	zweite partielle Ableitung der absoluten Temperaturen nach den Raumkoordinaten
$T_{,j}$	K/mm	Ableitung der absoluten Temperaturen nach den Raumkoordinaten
$\underline{T}$	$K, {}^oC$	Vektor der Knotenpunkttemperaturen
$\underline{\dot{T}}$	K/s	Vektor der Zeitableitungen der Knotenpunkttemperaturen
$\underline{C}$	J/K	Wärmespeichermatrix
$\underline{K}$	W/K	Wärmeleitfähigkeitsmatrix
$\underline{Q}$	W	Wärmeflußvektor
$\underline{\underline{N}}$	-	Matrix der Formfunktionen
$\underline{N}$	-	Vektor der Formfunktionen

$\underline{M}$, $N_{\alpha,i}$	1/mm	partielle Ableitung der Formfunktionen nach den Raumkoordinaten
δ_{ij}	-	Kronecker - Tensor
$\underline{\underline{B}}$	1/mm	Verzerrungs - Verschiebungs - Matrix
V	mm^3	Volumen
S	mm^2	Oberfläche
F	kN	Umformkraft
s	mm	Stempelweg
Δt	s	Zeitschritt
k	W/(m·K)	Wärmeleitzahl
ρ	kg/dm^3	Dichte
c	kJ/(kg·K)	spezifische Wärmekapazität
σ_B	W/(K^4·m^2)	Stefan - Boltzmannsche Konstante
α_k	W/(K·m^2)	Kontaktwärmeübergangszahl
α	W/(K·m^2)	Wärmeübergangszahl für Konvektion
μ	-	Reibzahl
η	-	Anteil der in Wärme umgewandelten plastischen Verformungsenergie
ε_E	-	Emissionszahl

INDIZES UND SCHREIBWEISEN

$\_$	einfach unterstrichene Größe bedeutet Vektor
$=$	doppelt unterstrichene Größe bedeutet Matrix oder Tensor
i, j, k	Laufindizes
T	Transponierte

Die hier nicht aufgeführten Abkürzungen werden im Text erläutert.

ZUSAMMENFASSUNG

Das Ziel der vorliegenden Arbeit war die Entwicklung eines auf der Finite-Elemente-Methode aufbauenden Simulationsverfahrens für die Kalt-, Halbwarm- und Warmmassivumformung. Das numerische Verfahren baut auf der Methode der finiten Elemente auf und eignet sich zur Berechnung instationärer Vorgänge der Kalt-, Halbwarm- und Warmmassivumformung. An Beispielen des Kalt- und Warmstauchens von Stahl- und Aluminiumquadern wurde anhand von experimentellen und analytischen Vergleichen gezeigt, daß sich gute Näherungslösungen ergeben. Die Simulation liefert detaillierte Auskünfte über den thermischen Zustand sowie den Spannungs- und Bewegungszustand im umgeformten Werkstück.

Zur Beschreibung der als starr-plastisch vorausgesetzten Fließeigenschaften wurde das Lêvy-Misessche Stoffgesetz angenommen. Das Verfahren basiert auf dem Markovschen Extremalprinzip und ist auf isotrope und inkompressible Werkstoffe anwendbar. Die Bedingung der Volumenkonstanz wurde im Variationsprinzip durch Lagrangesche Multiplikatoren berücksichtigt. Die mathematische Formulierung der Reibung erfolgte mit Hilfe des Coulombschen Reibgesetzes. Für die Ermittlung instationärer Temperaturfelder existiert kein klassisches Extremalprinzip; daher wurde die Fouriersche Differentialgleichung der Wärmeleitung nach der Methode von Galerkin gelöst.

Die mit dem Verfahren näherungsweise berechneten Temperaturfelder ließen den Einfluß der unterschiedlichen Wärmeleiteigenschaften der betrachteten Metalle (Stahl: 16MnCr5 und Ck 15; Aluminium Al 99,5) deutlich erkennen. Die Inhomogenität der Temperaturverteilung war bei Stahl mit seinen schlechteren Wärmeleiteigenschaften deutlich höher als bei Aluminium. Die größten örtlichen Verformungen und Temperatursteigerungen traten immer im Probenmittelpunkt und am Rand auf (Schmiedekreuz). Die numerisch berechneten Normalspannungsverteilungen an den Probenstirnflächen stimmten gut mit experimentellen Beobachtungen überein.

Durch einen direkten Vergleich numerisch ermittelter Ergebnisse mit Versuchsergebnissen wurde die theoretische Lösung hinsichtlich ihrer Brauchbarkeit für umformtechnische Vorgänge in der Massivumformung bewertet. Hierfür wurden Stahlquader (Werkstoff: 16MnCr5) kalt gestaucht. Zunächst wurden Fließkurven für den betrachteten Werkstoff aufgenommen (Zylinderstauchversuch) und Reibzahlen im Experiment bestimmt (Ringstauchversuch). Die Erwärmung der Probe wurde während des Umformvorgangs an ausgewählten Punkten mit Hilfe von Thermoelementen gemessen. Es ergab sich eine gute Übereinstimmung mit den berechneten Werten. Vergleiche von Kraft-Weg-Verläufen und Werkstückaußenkonturen zeigten ebenfalls nur geringfügige Abweichungen. Die Ergebnisse von visioplastischen Stoffflußuntersuchungen stimmten mit denen der Finite-Elemente-Simulation in der Tendenz überein.

1   EINLEITUNG UND AUFGABENSTELLUNG

Steigende Anforderungen an umformtechnisch erzeugte Produkte hinsichtlich
Preis und Qualität bei immer kürzeren Auftragsdurchlaufzeiten erfordern
eine flexible und sichere Auslegung der Fertigung. Wesentliche Auslegungs-
kriterien beziehen sich u.a. auf fehlerfreie Endprodukte, gewünschte
Beeinflussung mechanischer Eigenschaften, geringen Werkzeugverschleiß und
auf die Optimierung von Werkstoff- und Energieeinsatz. Die Optimierung
eines Umformvorgangs bezüglich solcher Kriterien macht eine rechnerische
Prozeßsimulation wünschenswert. Die Simulation ermöglicht eine Vorhersage
des realen Vorgangs noch vor Ablauf des eigentlichen physikalischen
Geschehens. Als effektivstes Simulationsverfahren für umformtechnische
Vorgänge hat sich in den letzten Jahren die Methode der finiten Elemente
(FEM) hervorgetan.

Eine wesentliche Entwicklungstendenz in der Umformtechnik ist die Fertigung
komplizierterer Teile. Die heutigen Verfahren der FEM eignen sich noch
nicht zur Berechnung von allgemeinen dreidimensionalen Umformvorgängen. In
den meisten Fällen können nur einfache ebene oder axialsymmetrische
Vorgänge, die für die Praxis nur von untergeordneter Bedeutung sind,
modelliert werden. Ebenso wird der Einfluß der Temperatur auf das
Werkstoffverhalten nur selten berücksichtigt, d.h. es besteht ein Mangel an
Verfahren für die Halbwarm- und Warmumformung.

Ziel der vorliegenden Arbeit war daher die Entwicklung eines auf der
Finite-Elemente-Methode aufbauenden numerischen Verfahrens für die Kalt-,
Halbwarm- und Warmmassivumformung. Mit diesem Verfahren sollen sich die bei
instationären Umformvorgängen abspielenden Vorgänge der plastischen Werkstückdeformation sowie Wärmeentstehung und Temperaturausgleich untersuchen
lassen. Zu diesem Zweck war ein bereits vorhandenes FE-Programmsystem /1/
zur Berechnung von ebenen und axialsymmetrischen Problemen auf die dritte
Dimension zu erweitern. Ferner war die Temperatur als zusätzlicher
Freiheitsgrad zu berücksichtigen. Da bei technisch wichtigen Umformvorgängen der Massivumformung die elastischen und temperaturbedingten Formände-
rungsanteile gegenüber den plastischen Anteilen sehr klein sind und
Eigenspannungen nicht behandelt werden sollen, wurde ein starr-plastisches
Werkstoffmodell zugrunde gelegt. Die Hinzunahme zweier weiterer Freiheits-
grade erforderte Maßnahmen zur Steigerung der Wirtschaftlichkeit des

Verfahrens, beispielsweise durch die Entwicklung und Implementierung effizienter numerischer Iterationsalgorithmen.

Die praktische Anwendbarkeit der entwickelten Methode sollte anhand von Berechnungsbeispielen gezeigt werden. Ein weiterer wichtiger Bestandteil der Arbeit war eine experimentelle Überprüfung des Rechenverfahrens. Dazu war der zeitliche Temperaturverlauf in einem Stauchkörper an einigen ausgewählten Stellen meßtechnisch zu erfassen und mit den Rechenwerten zu vergleichen. Ferner sollten Kraft-Weg-Verläufe, Außenkonturvergleiche und visioplastische Untersuchungen Aufschluß über die Güte des Rechenverfahrens geben.

Die ältesten theoretischen Verfahren zur Prozeßsimulation basieren auf der "elementaren Plastizitätstheorie" /2,3/. Sie gehen in erster Linie auf Siebel /4/ und Sachs /5/ zurück. Diese Verfahren sind durch starke Vereinfachungen bezüglich der Geschwindigkeits- und Spannungsverteilung im zu untersuchenden Werkstück gekennzeichnet. Daher können sie nicht dazu benutzt werden, örtlich auftretende Spannungen und Formänderungen zu bestimmen. Sie ermöglichen aber eine Vorhersage der erforderlichen Umformkräfte und Umformleistungen mit teilweise guter Genauigkeit und sind für den in der Praxis der Umformtechnik stehenden Ingenieur ein wertvolles Hilfsmittel.

In geringerem Umfang werden auch die sogenannten Schrankenverfahren /2,6,7/ sowie Verfahren der Gleitlinientheorie /2/ angewandt. Entscheidend ist, daß es sich bei den genannten Verfahren um einfache, geschlossene analytische Berechnungsvorschriften handelt.

Zunehmender Kostendruck und die rasante Weiterentwicklung der elektroni-schen Datenverarbeitung /8/ ließen es ab Ende der sechziger Jahre wirtschaftlich erscheinen, numerische Näherungsverfahren in der Prozeßsimu-lation einzusetzen. Mit der Verfügbarkeit des Computers begann eine regelrechte Revolution im Bereich der theoretischen Simulation umformtech-nischer Vorgänge. Erst der Rechner ermöglichte eine Anwendung von bereits vorliegenden Ansätzen der höheren Plastizitätstheorie. Jetzt konnte nach Verfahren gesucht werden, die es erlauben, unter weniger einschränkenden Voraussetzungen Auskünfte über örtliche Spannungs- und Bewegungszustände zu erhalten. Die Fehlerabgleichmethode /9,10,11/ und die Finite-Differenzen-Verfahren /12/ seien hierzu genannt. Parallel zur Entwicklung theoretischer Verfahren wurden auch experimentell-theoretische Methoden wie z.B. die Visioplasticity /2,13,14/ entwickelt. Bei dieser Methode wird zur Ermitt-lung der Formänderungs- und Spannungsverteilung von einem experimentell bestimmten Bewegungszustand ausgegangen.

Für umformtechnische Verfahren findet etwa ab 1970 auch die Methode der finiten Elemente Anwendung. Diese Methode ist zu einem Standardverfahren bei der Bearbeitung zahlreicher technischer Problemklassen geworden. Verschiedene ingenieurmäßige Darstellungen der FEM sind in /15 -18/ enthalten. Es zeigt sich deutlich, daß diese Methode die stärkste

Weiterentwicklung erfährt und in Zukunft in immer größerem Umfang in der Industrie zur Simulation von Umformvorgängen eingesetzt werden wird /19,20/. Bei der Anwendung der FEM auf Probleme der Massivumformung konkurrieren starr-plastische, starr-viskoplastische und elastisch-plastische Werkstoffmodelle miteinander. Die Entwicklung der einzelnen Verfahren bis auf den heutigen Stand soll nachfolgend in einem Überblick aufgezeigt werden. Eine Zusammenfassung der wichtigsten Arbeiten auf den Gebieten der Blech- und Massivumformung wird u.a. in /21/ gegeben.

2.1 FINITE-ELEMENTE-VERFAHREN MIT STARR-PLASTISCHEM WERKSTOFFMODELL

Die starr-plastische Formulierung mit finiten Elementen geht auf Arbeiten von Lung /22/ sowie Lee und Kobayashi /23/ zurück. Der grundlegende Gedanke ist die Vernachlässigung des elastischen Anteils der Dehnungen. Diese Vereinfachung ist dann unzulässig, wenn die plastischen Formänderungen klein sind und Eigenspannungen interessieren. Ferner können Probleme beim Erfassen der Reibung zwischen starren Werkstück- und Werkzeugzonen auftreten. Da bei technisch wichtigen Massivumformvorgängen die elastischen Verzerrungen sehr klein sind im Vergleich zu den plastischen, empfiehlt sich hier die Anwendung eines starr-plastischen Werkstoffmodells, um den numerischen Aufwand zu reduzieren. Dadurch wird das Problem der nichtlinearen Kinematik bei endlichen Deformationen umgangen. Dies führt zu erheblich geringeren Rechenzeiten und damit auch zu geringeren Rechenkosten.

Eine erste Anwendung des Verfahrens auf das ebene stationäre Bandziehen wurde von Lung /22/ vorgestellt. Kobayashi /24/ berechnete verschiedene zweidimensionale Verfahren der Massivumformung, angefangen mit dem Zylinderstauchen, Anstauchen und Ringstauchen bis hin zum Fließpressen und Ziehen. Malkus /25/ wandte die Methode auf das axialsymmetrische Stauchen an. Die Simulation des Ringstauchens zur Untersuchung des Reibungseinflusses mit einem Vergleich der numerisch und experimentell ermittelten Ergebnisse wurde von Chen und Kobayashi /26/ durchgeführt. Ferner veröffentlichten sie 1980 eine Arbeit über das Gesenkschmieden, wobei sie einen ebenen Formänderungszustand voraussetzten /27/. Ein Beispiel zum Gesenkschmieden wurde von Roll /1/ gerechnet. Diese Arbeit enthält auch zahlreiche weitere zweidimensionale Anwendungen auf Vorgänge des Stauchens, Anstauchens, Voll-Vorwärts-Fließpressens sowie Napf-Rückwärts-Fließpressens. Das von Roll verwendete pseudo-elastische Stoffgesetz zur Berechnung der Spannungen in den starren Zonen stellt eine stark vereinfachende Annahme dar. Lange et al. /28/ simulierten den axialsymmetrischen Vorgang des kombinierten Quer-Hohl-Vorwärts-Fließpressens. Weitere zweidimensionale Untersuchungsergebnisse zum Gesenkschmieden und zum Schmieden einer Turbinenschaufel wurden von Dung et al. in /29,30/ vorgestellt. Berechnungen zum axialsymmetrischen Fließpressen (stationärer Zustand) von Chen et al. und Roll werden in /31,32/ beschrieben.

Das Flachwalzen wurde von Shima et al. /33/ bzw. Li und Kobayashi /34/ untersucht. Der Walzvorgang wurde dabei als eben betrachtet. Die Arbeit von Shima et al. enthält zahlreiche Ergebnisse stationärer Analysen für unterschiedliche Stichabnahmen, Walzendurchmesser und Reibungsbedingungen. Beim Schmieden einer Turbinenschaufel kann im Schaufelbereich mit guter Näherung ein ebener Formänderungszustand angenommen werden. Derartige Untersuchungen wurden von Dung und Mahrenholtz /35/ durchgeführt, wobei unterschiedliche Reibungsbedingungen Berücksichtigung fanden. Mahrenholtz et al. /36/ und Westerling /37/ stellten ein zweidimensionales Verfahren zur Berechnung von Spannungen, Formänderungen und Temperaturen vor, das auf dem Lévy-Misesschen Werkstoffmodell aufbaut und die Finite-Elemente-Methode mit dem Finite-Differenzen-Verfahren (FDM) koppelt. Es werden zunächst mit Hilfe der FEM die plastischen Deformationen und die daraus resultierende dissipierte Wärmemenge bestimmt und mit diesen Daten anschließend, unter Verwendung der FDM, die örtlichen Temperaturen berechnet.

Die erste Anwendung der Methode der Finiten Elemente auf einen dreidimensionalen Umformvorgang geht auf eine Arbeit von Webster und Davis /38/ zurück. Sie untersuchten das stationäre Fließpressen von quadratischen Schaftquerschnitten. Zur Berücksichtigung der Reibung führten Webster und Davis sogenannte "Slip-Elemente" ein. Die Formulierung des Stoffgesetzes erlaubte die Einbeziehung der aktuellen Temperaturverteilung in die Berechnungen, wobei Wärmeleitung und -übergang unberücksichtigt blieben. Erste dreidimensionale Untersuchungen zum Walzen wurden von Mori und Osakada /39/ sowie Li und Kobayashi /40/ veröffentlicht. Beide Untersuchungen gingen von vereinfachten 8-Knoten Hexaederelementen aus, mit denen sich ausreichend genaue Ergebnisse erzielen ließen. Die Ergebnisdarstellung umfaßt die Druckverteilung auf die Walze und das Ausmaß der Breitung. Li und Kobayashi verwendeten einen instationären Ansatz. Ihre Arbeit enthält einen Vergleich zwischen berechneter und experimentell ermittelter Breitung. Mori et al. /41/ führten dreidimensionale Rechnungen zweier unterschiedlicher Umformvorgänge durch. Als erstes wurde das Zusammendrücken eines Rohres zwischen flachen Werkzeugen untersucht. Als zweites Verfahren wurde das Stauchen eines quaderförmigen Aluminiumblocks ohne die Verwendung von Schmierstoff für unterschiedliche Ausgangshöhen berechnet. Nach Osakada et al. /42/ eignen sich für Berechnungen mit dreidimensionalen finiten Elementen bereits ab etwa 1000 Elementen nur noch Größtrechner. Die praktische Durchführbarkeit von Berechnungen dreidimensionaler Umformvorgänge setzt nach Ansicht der Autoren einfache Elemente, wie z.B. achtknötige Hexaederelemente, voraus. Kompliziertere Elemente mit mehr Freiheitsgraden führen rechentechnisch, etwa durch auftretende Speicherplatzprobleme oder bezüglich der benötigten Rechenzeit, zu erheblichen Problemen bei vernachlässigbarem Genauigkeitsgewinn.

2.2 FINITE-ELEMENTE-VERFAHREN MIT ELASTISCH-PLASTISCHEM WERKSTOFF-MODELL

Die elastisch-plastische Analyse geht in der ursprünglichen Form auf Arbeiten von Yamada et al. /43/ und Zienkiewicz et al. /44/ zurück und stellt eine Erweiterung von linear-elastischen FE-Formulierungen auf nichtlineares plastisches Werkstoffverhalten (Stoffgesetz nach Prandtl-Reuß) dar. Die Formulierung, auch "Methode der Anfangsspannungen" genannt, beruht auf der Voraussetzung kleiner Formänderungen und ist deshalb für die Analyse umformtechnischer Vorgänge nicht geeignet. Mit diesem Verfahren konnte Dieterle /45/ die Faltenbildung als Verfahrensgrenze beim Stauchen von Hohlkörpern untersuchen, da sich die Falten bei relativ geringen Formänderungen bilden. Neuere Ansätze sind so ausgelegt, daß auch Vorgänge, die große Verschiebungen, Rotationen und Formänderungen aufweisen, berechnet werden können. Die hierzu benötigten Formulierungen gehen auf Lee /46/ (hyperelastischer Ansatz) sowie McMeeking und Rice /47/ (hypoelastischer Ansatz) zurück. Die integralen Ausdrücke dieser Formulierungen sind komplizierter als diejenigen der starr-plastischen Analyse, da die nichtlineare Kinematik berücksichtigt werden muß.

Argyris et al. /48/ berechneten den instationären Anfahrvorgang beim Walzen bis zum Erreichen eines stationären Zustands unter Berücksichtigung thermischer Einflüsse (hyperelastischer Ansatz). Es handelte sich um eine vollständige thermomechanische Analyse unter der Annahme des ebenen Formänderungszustandes. In einer weiteren Arbeit bestimmten die o.g.

Autoren /49/ Spannungen, Formänderungen und Temperaturen beim Anstauchen eines Kopfes an einen zylindrischen Stahlbolzen. Ferner wurden beim Fließpressen eines Aluminium-Werkstücks die Ausbildung der plastischen Zone und die Temperaturverteilung zu verschiedenen Zeitpunkten des Vorgangs untersucht. Einen Vergleich zwischen Ergebnissen, die mit einem starr-plastischen und einem elastisch-plastischen Ansatz (hypoelastisch) erzielt wurden, enthalten Arbeiten von Tekkaya /50/ bzw. Tekkaya et al. /51/. In diesen Arbeiten wurde erstmals ein "Selbstkorrigierendes Euler-Verfahren" in Kombination mit der "Mittelpunktssteifigkeitsmethode" als eine effizien-te Lösungstechnik verwendet. Die Vorgänge axialsymmetrisches Stauchen, Voll-Vorwärts-Fließpressen sowie Napf-Rückwärts-Fließpressen bildeten die Grundlage des Vergleiches. Weitere Simulationsrechnungen zur Bestimmung von Eigenspannungen in Fließpreßteilen, einschließlich eines experimentellen Vergleiches, wurden von Tekkaya und Gerhardt /52-54/ erläutert. Hierbei wurde erstmals der Einfluß des Auswerfvorgangs beim Voll-Vorwärts-Fließ-pressen und Verjüngen erfaßt. Gerhardt und Tekkaya /55/ berechneten ferner eine Folge von Zwischenstadien beim Drahtziehen. Es wurde die Verfahrens-grenze beim Ziehen, bedingt durch die Ausbildung einer Einschnürung hinter der Spannzange, ermittelt. Zur Verminderung der Eigenspannungen wird in der Praxis meist mit einem zweiten Ziehstein, der eine sehr geringe Quer-schnittsabnahme verursacht, gearbeitet. In /55/ konnte eine theoretische Begründung für diesen Sachverhalt gegeben werden.

Der Schwerpunkt einer Arbeit von Wertheimer /56/ liegt auf der Untersuchung des axialsymmetrischen Voll-Vorwärts-Fließpressens und des Stauchens. Wertheimer verwendete Stoffgesetze mit isotroper und kinematischer Verfe-stigung und diskutierte die Auswirkungen der Temperatur und des Stoffgeset-zes auf die Spannungsverteilung im Werkstück. Eine Untersuchung von Pillinger et al. /57/ enthält Ergebnisse einer dreidimensionalen Simulation des Stauchens am Beispiel eines quaderförmigen Aluminiumblocks. In weiteren Arbeiten berichteten Pillinger et al. /58,59/ über die dreidimensionale Simulation des Kaltschmiedens eines Pleuels. Der Vorgang wurde unter den vereinfachenden Voraussetzungen Haftreibung bzw. Reibungsfreiheit gerech-net. Kiefer /60/ verwendete die gleichen Voraussetzungen für seine ebenfalls dreidimensionalen Berechnungen zur Bestimmung der Breitung beim Walzen und der Ausbildung des Bandendes.

2.3 FINITE-ELEMENTE-VERFAHREN MIT STARR-VISKOPLASTISCHEM WERKSTOFF-MODELL

Der starr-viskoplastische Ansatz zur Berechnung von Vorgängen mit großen Formänderungen geht auf Zienkiewicz et al. /61,62/ zurück. Der Werkstoff wird als eine nicht-newtonsche Flüssigkeit betrachtet. Somit sind die Formänderungsgeschwindigkeiten für sich verfestigende Werkstoffe explizit im Stoffgesetz enthalten. Der starr-viskoplastische Ansatz ist Formulierungen mit starr-plastischem Stoffgesetz sehr ähnlich, da auch hier der elastische Anteil der Dehnungen unberücksichtgt bleibt. Obwohl in der Regel die v. Misessche Fließbedingung angewandt wird, treten Stoffgesetze wie z.B. die von Bingham /63/ und Perzyna /64/ an die Stelle der Beziehungen von Lêvy-Mises. Bei Ansätzen mit starr-viskoplastischem Stoffgesetz bestehen grundsätzlich die gleichen Vor- und Nachteile wie bei starr-plastischen Formulierungen.

Oh, Rebelo und Kobayashi /65/ befaßten sich mit dem Stauchen eines Aluminium-Ringes bei erhöhter, aber konstant angenommener Temperatur. Rebelo und Kobayashi /66/ untersuchten die Wärmeentwicklung und die Temperaturverteilung beim axialsymmetrischen Zylinder- und Ringstauchen von Stahl- und Aluminiumwerkstücken bei Raumtemperatur und bei erhöhter Temperatur. Es konnte gezeigt werden, daß bei Berücksichtigung der thermomechanischen Vorgänge die berechnete Endform der Ringe mit der gemessenen besser übereinstimmt, als bei einer rein mechanischen, isothermen Analyse.

Eine Arbeit von Dawson /67/ enthält Ergebnisse von thermoviskoplastischen Berechnungen für stationäre Vorgänge wie axialsymmetrisches Fließpressen und Flachwalzen unter der Annahme eines ebenen Formänderungszustandes. Von Zienkiewicz, Jain und Onate /68/ wurden stationäre zweidimensionale Strangpreßvorgänge untersucht. Zur Ermittlung der Temperaturen und des Geschwindigkeitsfeldes lösten Zienkiewicz et al. das thermisch-plastische Problem gekoppelt sukzessiv für stationäre Umformvorgänge. In einer weiteren Arbeit von Zienkiewicz et al. /69/ wurde das Problem der thermomechanischen Kopplung durch eine gleichzeitige Berechnung von Temperaturverteilung und Geschwindigkeitsfeld gelöst. Diese Vorgehensweise ist insgesamt wesentlich aufwendiger, da sie auf eine nicht-symmetrische Gesamtsteifigkeitsmatrix führt, wodurch sich die Rechenzeiten erheblich

erhöhen. Eine Anwendung dieses Verfahrens auf das stationäre Strangpressen
zeigte deutlich den Einfluß der Preßgeschwindigkeit auf die Temperaturverteilung. Ficke, Oh und Malas /70/ beschrieben das Schmieden einer Turbinen-
scheibe. Sie wiesen auf die Notwendigkeit hin, von Zeit zu Zeit die
verzerrten Rechennetze, die bei höheren Umformgraden zwangsläufig entstehen
und zu numerischen Problemen und damit auch zu ungenauen Rechenergebnissen
führen, durch ein neues unverzerrtes Netz zu ersetzen ("Remeshing").

Dreidimensionale Simulationsrechnungen wurden von Sun und Kobayashi /71/
bzw. von Park und Kobayashi /72/ durchgeführt. Die Arbeiten befaßten sich
mit dem Kaltstauchen eines quaderförmigen bzw. eines keilförmig zulaufenden
Blockes. Sun und Kobayashi führten die Berechnungen mit stark vereinfachten
Hexaederelementen durch, dagegen wurden die Ergebnisse in /72/ mit
isoparametrischen 8-Knoten-Hexaederelementen ermittelt. Weitere Untersuchungsergebnisse von Park and Oh für die Verfahren Ringstauchen, Hohlqua-
derstauchen und Napf-Rückwärts-Fließpressen werden in /73/ diskutiert. Beim
Napf-Rückwärts-Fließpressen wurde nur der Beginn des Vorgangs simuliert.
Bei Shiau und Kobayashi /74/ finden sich Simulationsergebnisse zum
Freiformschmieden von Quadern und Rohren. Es ist anzumerken, daß bei allen
bisher aufgeführten dreidimensionalen Untersuchungen der Einfluß der
Temperatur nicht berücksichtigt wurde.

Thermomechanische Untersuchungsergebnisse eines adiabaten Stauchvorganges
wurden von Cescutti et al. in /75/ vorgestellt. Sie befaßten sich auch mit
dem Problem der Netzneugenerierung. Die in /75/ aufgeführten Untersuchungsergebnisse beschränken sich lediglich auf die Darstellung der umgeformten
Kontur. Es werden weder Formänderungs- noch Spannungs- noch Temperaturverläufe gezeigt. Eine weitere Anwendung auf einen dreidimensionalen Umformvorgang unter Berücksichtigung des Temperatureinflusses findet sich bei
Argyris et al. /76/. In dieser Arbeit wurde die Simulation des Schmiedens
einer Turbinenschaufel aus einer Titanlegierung beschrieben. Der Einfluß
der Reibung, der Verfestigung und des Stoffflusses zwischen Fuß und
Schaufelbett blieben bei der Simulation allerdings unberücksichtigt.

Zusammenfassend ist festzuhalten, daß in allen aufgeführten Arbeiten, die
sich mit der dreidimensionalen Simulation von Umformvorgängen auseinander-
setzen, zum Teil erhebliche vereinfachende Annahmen getroffen wurden, sei
es die fehlende Berücksichtigung des Temperatureinflusses, der Reibung oder

der Verfestigung. Ein weiterer wichtiger Punkt ist das Fehlen bzw. die unzureichende experimentelle Verifikation der numerisch ermittelten Ergebnisse. Lediglich die Arbeiten von Sun und Kobayashi /71/, Park und Kobayashi /72/ sowie Cescutti et al. /75/ enthalten einen numerisch ermittelten und experimentell überprüften Außenkonturvergleich des umgeformten Werkstückes.

3   PHYSIKALISCHE GRUNDLAGEN

In diesem Kapitel sollen die erforderlichen Grundlagen zur Bestimmung des Spannungs- und Bewegungszustandes sowie zur Bestimmung des thermischen Zustandes zusammengefaßt und interpretiert werden.

3.1   SPANNUNGS- UND BEWEGUNGSZUSTAND

Der Spannungs- und Bewegungszustand in einem Kontinuum werden durch die Gleichgewichtsbedingungen für den Spannungszustand, die kinematische Verträglichkeitsbedingung und die Spannungs-Verzerrungsbeziehungen eindeutig beschrieben. Zur Beschreibung des starr-plastisch und isotrop vorausgesetzten Werkstoffes wird das Lévy-Misessche Stoffgesetz /7,77/ gewählt.

Die Betrachtung des Fließvorgangs erfolgt in einem raumfesten Koordinatensystem. Ein materieller Punkt eines Körpers besitzt demnach die Stoffeigenschaften des Ortes, an dem er sich zu einem aktuellen Zeitpunkt befindet. Diese Betrachtungsweise wird auch als Euler-Betrachtung bezeichnet.

Bei dem Lévy-Mises-Modell wird der Cauchysche Spannungsdeviator σ'_{ij} im plastischen Bereich mit den Formänderungsgeschwindigkeiten $\dot{\varepsilon}_{ij}$ über die Fließregel verknüpft:

$$\sigma'_{ij} = \frac{2}{3} \frac{\bar{\sigma}}{\dot{\bar{\varepsilon}}} \dot{\varepsilon}_{ij} \qquad (1)$$

mit der Vergleichsformänderungsgeschwindigkeit $\dot{\bar{\varepsilon}}$ und der Vergleichsspannung $\bar{\sigma}$ nach von Mises. Die Formänderungs- oder Verzerrungsgeschwindigkeiten $\dot{\varepsilon}_{ij}$ ergeben sich aufgrund der kinematischen Verträglichkeit aus den Geschwindigkeitskomponenten v_i an den Raumpunkten zu:

$$\dot{\varepsilon}_{ij} = \frac{1}{2} (v_{i,j} + v_{j,i}) \qquad . \qquad (2)$$

Die Bezeichnungen $v_{i,j}$ oder $v_{j,i}$ stehen für die Ableitung der Geschwindigkeiten nach den Raumkoordinaten.

Die Vergleichsformänderungsgeschwindigkeit $\dot{\bar{\varepsilon}}$ und der Spannungsdeviator σ'_{ij} ergeben sich nach /77/ zu

$$\dot{\bar{\varepsilon}} = (\frac{2}{3} \dot{\varepsilon}_{ij} \dot{\varepsilon}_{ij})^{1/2} \tag{3}$$

und

$$\sigma'_{ij} = \sigma_{ij} - \sigma_m \delta_{ij} \tag{4}$$

mit den Spannungen σ_{ij}, der mittleren Spannung σ_m und dem Kronecker-Delta δ_{ij}.

Die Abgrenzung des starren Bereiches vom plastischen Bereich erfolgt durch das Fließkriterium. Mit der von Misesschen Vergleichsspannung

$$\bar{\sigma} = (\frac{3}{2} \sigma'_{ij} \sigma'_{ij})^{1/2} \tag{5}$$

läßt sich das Fließkriterium angeben. Für plastisches Fließen gilt

$$\bar{\sigma} = k_f (\bar{\varepsilon}, \dot{\bar{\varepsilon}}, T) \tag{6a}$$

und für den Fall, daß der Werkstoff nicht plastisch fließt

$$\bar{\sigma} < k_f (\bar{\varepsilon}, \dot{\bar{\varepsilon}}, T) . \tag{6b}$$

Hierin wird die Fließspannung mit k_f bezeichnet, T steht für die lokale Temperatur und $\bar{\varepsilon}$ für die Vergleichsformänderung. Zur Bestimmung der Vergleichsformänderung sei auf Kapitel 5 verwiesen.

Nach den Gln.(6) ist der Werkstoff entweder plastisch, d.h. es gilt

$$\dot{\varepsilon}_{ij} = \frac{3}{2} \frac{\dot{\bar{\varepsilon}}}{\bar{\sigma}} \sigma'_{ij} \tag{7a}$$

oder er ist starr und somit sind die Formänderungsgeschwindigkeiten

$$\dot{\varepsilon}_{ij} = 0 . \tag{7b}$$

Die Spannungsverteilung muß an jedem Punkt im Körper den Gleichgewichtsbedingungen (Kraft- und Momentengleichgewicht)

$$\sigma_{ij,j} = \frac{\partial \sigma_{ij}}{\partial x_j} = 0 \tag{8}$$

mit den Raumkoordinaten x_j genügen.

Das Lévy-Misessche Modell enthält Volumenkonstanz. Für einen inkompressiblen Werkstoff führt die Kontinuitätsbedingung auf

$$\dot{\varepsilon}_{ii} = 0 \quad . \tag{9}$$

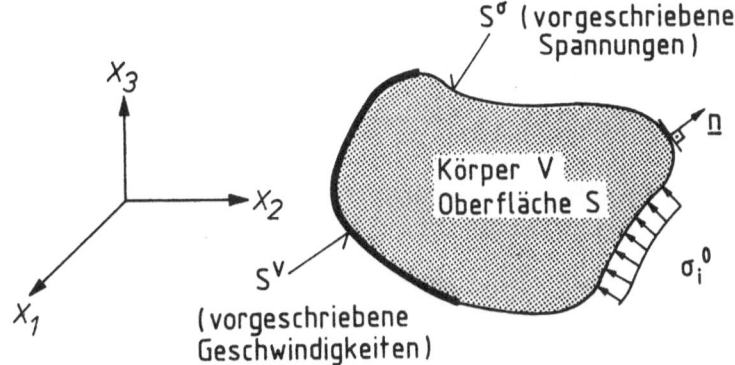

Bild 1: Oberflächenbereiche eines Körpers zu einem aktuellen Zeitpunkt t.

Auf dem Rand S eines Körpers V (Bild 1) müssen ferner die Geschwindigkeitsrandbedingung auf S^V

$$v_i = v_i^0 \tag{10a}$$

und die Spannungsrandbedingung auf S^σ

$$\sigma_i = n_j \sigma_{ji} = \sigma_i^0 \tag{10b}$$

zu einem aktuellen Zeitpunkt t erfüllt sein. Der Geschwindigkeitsvektor auf dem Rand wird hierbei mit v_i^0 , der Randspannungsvektor mit σ_i^0 und der Einheitsvektor an der Oberfläche mit n_j bezeichnet.

Für die Lösung des Randwertproblems wird für einen Körper V ein Variationsprinzip betrachtet. Als Grundvoraussetzung wird angenommen, daß sich der ganze Körper plastisch verformt. Bei Verwendung der von Misesschen Theorie lassen sich Extremalaussagen ableiten, die als obere /78/ und untere Schranke /79/ bekannt sind. In Verbindung mit der Finite-Elemente-Methode findet vor allem das Verfahren der oberen Schranke Anwendung. Dieses besagt, daß von allen kinematisch zulässigen Geschwindigkeitsfeldern, welche die Verträglichkeitsbedingung (Gl.2), die Inkompressibilitätsbedingung (Gl.9) sowie die Geschwindigkeitsrandbedingungen (Gl.10a) an der Oberfläche erfüllen, das exakte Geschwindigkeitsfeld das Funktional

$$\Pi = \int_V \sigma_{ij}\dot{\varepsilon}_{ij}dV - \int_{S^\sigma} n_i\sigma_{ik}v_k dS \qquad (11)$$

zu einem Minimum macht. Dieses Extremalprinzip geht auf Markov /78/ zurück. Das Markovsche Extremalprinzip gilt strenggenommen nur für ideal-starrplastisches Werkstoffverhalten. In Kapitel 5 wird gezeigt, daß es sich so abwandeln läßt, daß auch Vorgänge mit isotroper Verfestigung gerechnet werden können.

Unter Einbezug des Lévy-Misesschen Stoffgesetzes läßt sich Gl.(11) auch schreiben als

$$\Pi = \int_V k_f \dot{\bar{\varepsilon}} \, dV - \int_{S^\sigma} n_i\sigma_{ik}v_k dS \rightarrow MIN. \qquad (12)$$

Durch das Einsetzen zulässiger Geschwindigkeitsfelder v_k^* können obere Schranken für die im zweiten Integral enthaltenen unbekannten Kräfte gefunden werden.

Bei der Diskretisierung derartiger Probleme in finite Elemente, zeigt es sich, daß es nicht möglich ist, Geschwindigkeitsansätze zu finden, die volumenkonstant und gleichzeitig drehinvariant bzw. vollständig sind /80/. Die Inkompressibilitätsbedingung, die eine Nebenbedingung darstellt, muß deshalb dem Funktional zugefügt werden. Dies kann auf unterschiedliche Art und Weise erfolgen. In /1,22,37,81/ wird die Nebenbedingung dem Funktional mit Hilfe der "Lagrangeschen Parameterfunktion" zugefügt. Diese Parameterfunktion entspricht dabei der mittleren Spannung im Element. Dieses und weitere Verfahren zur Berücksichtigung der Volumenkonstanz, wie die "Penalty-Methode" (Straffunktion) und die "reduzierte Integration", werden von Zienkiewicz /15/ beschrieben. Mori /82/ hat ein Verfahren entwickelt, bei welchem eine leichte Werkstoffkompressibilität zugelassen ist. Nagtegaal, Parks und Rice /80/ zeigen ferner, daß bestimmte Elementtypen durch eine besondere Anordnung der Elemente die Nebenbedingung der Volumenkonstanz erfüllen.

Mit Hilfe der Lagrangeschen Parameterfunktion ergibt sich für Gl.(12) folgender Ausdruck:

$$\Pi' = \int_V k_f \, \dot{\bar{\varepsilon}} \, dV + \int_V \sigma_m \dot{\varepsilon}_{ii} \, dV - \int_{S^\sigma} n_i \sigma_{ik} v_k \, dS \;\rightarrow\; STAT. \tag{13}$$

In dieser Gleichung stellt das erste Glied die Gestaltänderungsleistung, das zweite Glied die Volumenänderungsleistung und das letzte Glied die Leistung der in den Randbedingungen gegebenen Spannungen dar. Durch Variation der Geschwindigkeit und der Spannung σ_m resultiert als Lösung ein Geschwindigkeitsfeld, das Gl.(13) stationär macht. Die Variation des Lagrangeschen Multiplikators σ_m bewirkt ferner, daß die Nebenbedingung $\dot{\varepsilon}_{ii} = 0$ erfüllt wird. Physikalisch läßt sich also der hydrostatische Druck als der Druck interpretieren, der erforderlich ist, um das Element an einer Volumenänderung zu hindern.

Die Bedingung der Inkompressibilität ließe sich auch mittels einer Straffunktion dem Funktional (12) beifügen:

$$\Pi' = \int_V k_f \, \dot{\bar{\varepsilon}} \, dV + \int_V \frac{\lambda}{2} \, \dot{\varepsilon}_{ii}^{\,2} \, dV - \int_{S^\sigma} n_i \sigma_{ik} v_k \, dS \;\rightarrow\; STAT. \tag{14}$$

Für den Faktor λ ist eine große positive Konstante zu setzen. Zienkiewicz /83/ gibt für viskoplastische Berechnungen eine Größenordnung für λ an. Übertragen auf das starr-idealplastische Stoffgesetz ergibt sich damit:

$$\lambda = 10^k \frac{k_f}{3\,\dot{\bar{\varepsilon}}} \qquad \text{mit } k = 7 \ldots 10 \; . \qquad (15)$$

Der zu wählende Faktor k ist sicher von der Wortlänge des jeweiligen Computers abhängig. Zienkiewicz macht in /83/ leider keine Angabe, mit welchem Computer die Berechnungen durchgeführt wurden.

Im Hinblick auf die Methode der finiten Elemente ist der Vorteil der Penalty-Methode darin zu sehen, daß die bei der Algebraisierung von Gl.(14) entstehende Steifigkeitsmatrix positiv definit ist. Dies ist für den Aufwand zur Lösung von Gleichungssystemen von Bedeutung. Nachteilig ist, daß für kleine Penalty-Faktoren die Nebenbedingungen nicht genau genug eingehalten werden, dagegen große Penalty-Faktoren zu schlecht konditionierten Matrizen führen können. Ein Vorteil der Methode der Lagrangeschen Parameterfunktion ist die direkte Bestimmung der hydrostatischen Spannungen, die bei der Lösung des Gleichungssystems mitgeliefert werden. Bei der Algebraisierung von Gl.(13) entsteht eine Steifigkeitsmatrix, die positiv semidefinit ist. Dies ist nachteilig, da sich der Aufwand zur Lösung des Gleichungssystems erhöht. Da sowohl die Penalty- als auch die Lagrange-Methode Vor- und Nachteile mit sich bringen, ist eine objektive Wahl der "besseren" Methode kaum möglich. Im Rahmen dieser Arbeit wird von der Lagrangeschen Multiplikatorenmethode Gebrauch gemacht, da die Vermeidung numerischer Probleme im Vordergrund stand.

Die Grundgleichungen zur Ermittlung des Spannungs- und Bewegungszustandes liegen damit vor. Im folgenden werden die Grundlagen zur Bestimmung von Wärmeerzeugung und Wärmeausgleich dargelegt.

3.2 THERMISCHER ZUSTAND

Ausgangspunkt des theoretischen Konzeptes zur Berechnung der Temperaturverteilung im Werkstück während und nach der Umformung ist die den Prozeß charakterisierende Wärmebilanzgleichung

$$k\,T_{,ii} + \eta\,\sigma_{ij}\dot{\varepsilon}_{ij} - \rho\,c\,\dot{T} = 0 \qquad (16)$$

mit der Wärmeleitzahl k, dem Anteil der in Wärme umgewandelten plastischen Verformungsenergie η , der Dichte ρ, der spez. Wärmekapazität c, der absoluten Temperatur T und der Zeitableitung der Temperatur Ṫ. Die zweite partielle Ableitung der absoluten Temperaturen nach den Raumkoordinaten wird mit $T_{,ii}$ bezeichnet.

In Gl.(16) stellt das erste Glied den zu- bzw. abfließenden Wärmestrom, das zweite Glied den Quellenwärmestrom (abhängig von der plastischen Werkstück- deformation) und das letzte Glied die pro Zeiteinheit gespeicherte Wärme dar. Der Faktor η wird in der Literatur in Abhängigkeit vom Werkstoff mit 0,85....0,95 /37,84,85/ angegeben.

Die Wärmebilanzgleichung (16) resultiert aus einer thermodynamischen Herleitung nach Coleman und Gurtin /86/, Noll /87/ sowie Perzyna und Sawczuk /88,89/ und wurde von Rebelo und Kobayashi /66/ für eine thermodynamische Näherung im Zusammenhang mit einem starr-viskoplastischen Werkstoffmodell weiterentwickelt. Es gelten die Annahmen, daß die Wärmeer- zeugung nur aufgrund von plastischer Verformungsenergie und Reibungsenergie resultiert und keine weitere Wärmequelle vorhanden ist. Ferner sollen keine Phasenumwandlungen und Rekristallisationseffekte auftreten. Aufgrund dieser Annahmen entspricht die Wärmebilanzgleichung (16) im Prinzip der klassi- schen Fourierschen Differentialgleichung /90/.

Für die instationäre Wärmeleitung existiert kein klassisches Extremalprin- zip. Das grundsätzliche Vorgehen zur Lösung des Anfangs-Randwertproblems erfolgt daher nach dem Verfahren von Galerkin /15,18/.

Die parabolische Differentialgleichung der Wärmeleitung (16) kann auch in folgender Form geschrieben werden /84/:

$$\int_V k\, T_{,ii} \delta T\ dV - \int_V \rho\, c\, \dot{T}\, \delta T\ dV + \int_V \eta\, \sigma_{ij} \dot{\varepsilon}_{ij} \delta T\ dV = 0 \ , \qquad (17)$$

wobei δT eine beliebige Funktion ist. Falls Gl.(17) für ein beliebiges δT erfüllt ist, so ist auch die Differentialgleichung (16) überall im Gebiet V erfüllt /15/.

Unter Einbezug des Lévy-Misesschen Stoffgesetzes und unter Anwendung des Gaußschen Integralsatzes läßt sich Gl.(17) in einer Integralform /15/, die auch als "schwache Form" bezeichnet wird, schreiben als:

$$\int_V k \, T_{,i} \delta T_{,i} \, dV + \int_V \rho \, c \, \dot{T} \, \delta T \, dV - \int_V \eta \, k_f \, \dot{\bar{\varepsilon}} \, \delta T \, dV$$

$$- \int_{S_q} k \, T_{,j} n_j \delta T \, dS_q = 0 \quad .$$

(18)

Hierbei ist $q_n = k \, T_{,j} n_j$ der Wärmefluß über die Randfläche S_q. Die Lösung dieser Gleichung liefert ein Temperaturfeld und ein Feld der zeitlichen Ableitung der Temperatur.

Damit liegen alle grundlegenden Gleichungen des analytischen Modells vor. Die notwendigen Schritte zur näherungsweisen Lösung dieser Gleichungen werden im folgenden aufgezeigt.

Die im vorigen Kapitel beschriebenen Ausgangsgleichungen zur Ermittlung von Geschwindigkeits- und Temperaturfeld liegen in einer kontinuierlichen Form mit unendlich vielen Freiheitsgraden vor. Im allgemeinen müssen numerische Verfahren angewandt werden, um Aussagen über die Antwort des Systems machen zu können. Diese Verfahren reduzieren im wesentlichen das kontinuierliche System auf eine diskrete Idealisierung mit endlich vielen Freiheitsgraden, die dann wie ein diskretes physikalisches System berechnet werden kann (Bild 2).

In diesem Kapitel wird die Überführung der in einer kontinuierlichen Form vorliegenden Ausgangsgleichungen (13) oder (14) zur Bestimmung des Geschwindigkeitsfeldes sowie (18) zur Bestimmung des Temperaturfeldes in eine diskrete Form beschrieben.

Als "numerisches Werkzeug" wird die Methode der finiten Elemente gewählt. Diese Methode ist seit langem bekannt und wird in der Literatur /15-18/ ausführlich beschrieben. Daher soll nicht weiter auf die Grundlagen der FEM eingegangen werden.

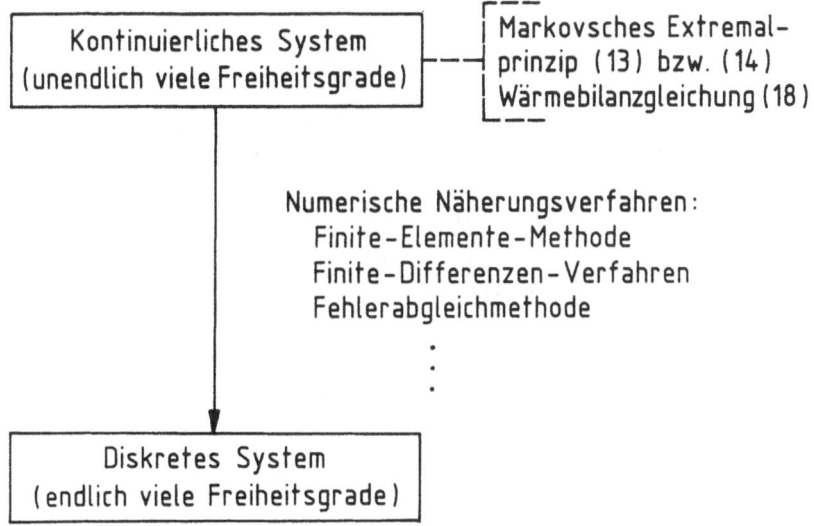

Bild 2: Überführung eines kontinuierlichen in ein diskretes System.

Die praktische numerische Durchführbarkeit von dreidimensionalen Umformvorgängen setzt relativ einfache Elemente voraus, da kompliziertere Elemente mit mehr Freiheitsgraden rechentechnisch zu erheblichen Problemen führen /42/ (siehe Kap. 2.1). Als räumliches Element wird daher ein isoparametrisches 8-Knoten Hexaederelement (HEXE8-Element) gewählt (Bild 3).

Das verwendete Element wird duch trilineare Formfunktionen N_i in Abhängigkeit der dimensionslosen Koordinaten ξ, η und ζ beschrieben /91/ :

$$N_i = \frac{1}{8}(1+\xi\xi_i)(1+\eta\eta_i)(1+\zeta\zeta_i) \quad \text{mit } i=1,\ldots,8 . \tag{19a}$$

Für die Koordinaten x, y und z gilt damit:

$$x = \sum_{i=1}^{8} N_i x_i \;,\; y = \sum_{i=1}^{8} N_i y_i \;,\; z = \sum_{i=1}^{8} N_i z_i \tag{19b}$$

mit den Knotenkoordiaten x_i, y_i und z_i.

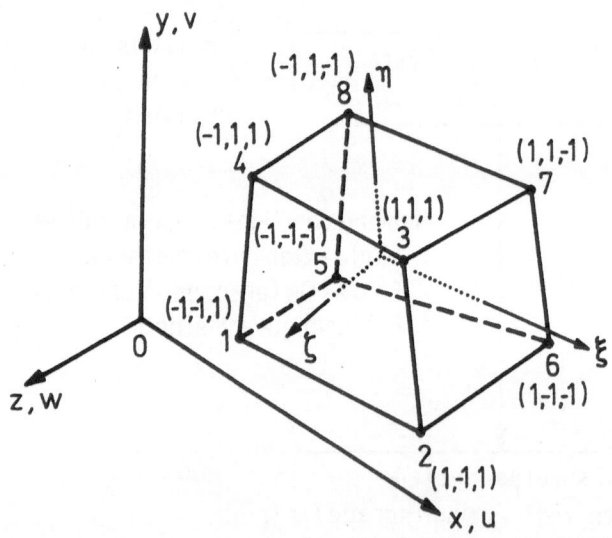

Bild 3: Dreidimensionales 8-Knoten Hexaederelement.

Die Geschwindigkeitsverteilung im Element wird analog ausgedrückt durch

$$u = \sum_{i=1}^{8} N_i u_i \quad , \quad v = \sum_{i=1}^{8} N_i v_i \quad , \quad w = \sum_{i=1}^{8} N_i w_i \qquad (19c)$$

mit den Knotengeschwindigkeiten u_i, v_i und w_i. In symbolischer Schreibweise läßt sich Gl.(19c) auch schreiben als

$$\underline{u} = \underline{\underline{N}}^T \underline{v} \quad , \qquad (20)$$

wobei der Geschwindigkeitsvektor mit $\underline{u}$ bezeichnet wird. Die Matrix $\underline{\underline{N}}^T$ beinhaltet die Ansatz- oder Formfunktionen und $\underline{v}$ ist der Vektor der Knotenpunktgeschwindigkeiten.

4.1 LÖSUNG DES VARIATIONSPROBLEMS FÜR DAS GESCHWINDIGKEITSFELD

Das Markovsche Extremalprinzip wird hier in der Form nach Gl.(13) verwendet. Dies bedeutet, daß die Inkompressibilitätsbedingung dem Funktional mit Hilfe der Lagrangeschen Parameterfunktion zugefügt wird. Zur Finite-Elemente-Formulierung kann der Formänderungsgeschwindigkeitstensor in Form eines Vektors geschrieben werden als:

$$\underline{\dot{\varepsilon}} = \underline{\underline{B}} \, \underline{v} \qquad (21)$$

mit dem Vektor der Formänderungsgeschwindigkeiten $\underline{\dot{\varepsilon}}$ und der Verzerrungs-Verschiebungsmatrix $\underline{\underline{B}}$.

Nagtegaal et al. empfehlen in /80/, die Ansatzfunktion für den hydrostatischen Druck einen Grad niedriger als die Ansatzfunktion für die Spannungsverteilung zu wählen, um numerische Schwierigkeiten durch eine mögliche Überbestimmung des Systems zu vermeiden. Daher wird der Lagrangesche Term des Variationsprinzips (13) nur im Schwerpunkt des Elementes ermittelt.

Gl.(13) kann schließlich geschrieben werden:

$$\Pi' = \sum_{j=1}^{m} \left[\int_{V_j} k_f (\frac{2}{3} \underline{v}^T \underline{\underline{B}}^T \underline{\underline{B}} \underline{v})^{1/2} dV + \int_{V_j} \sigma_m (\underline{c}^T \underline{\underline{B}} \underline{v}) dV \right.$$

$$\left. - \int_{S_j^\sigma} \underline{v}^T \underline{\underline{N}}^T \underline{\sigma}^0 dS \right] \quad \rightarrow \text{STAT}$$

(22)

mit dem Vektor $\underline{c}$ zum Verknüpfen der Normaldehnungsgeschwindigkeiten, dem Randspannungsvektor $\underline{\sigma}^0$ eines finiten Elementes und der Anzahl m der finiten Elemente.

Durch Differentiation nach $\underline{v}$ und σ_m ergibt sich, bedingt durch das Lêvy-Misessche Stoffgesetz, ein in den Geschwindigkeiten nichtlineares Gleichungssystem:

$$\frac{\partial \Pi'}{\partial \underline{v}} = \sum_{j=1}^{m} \left[\int_{V_j} \frac{2}{3} \frac{k_f}{(\frac{2}{3} \underline{v}^T \underline{\underline{B}}^T \underline{\underline{B}} \underline{v})^{1/2}} \underline{\underline{B}}^T \underline{\underline{B}} \underline{v} \, dV + \int_{V_j} \sigma_m \underline{c}^T \underline{\underline{B}} \, dV \right.$$

$$\left. - \int_{S_j^\sigma} \underline{\underline{N}}^T \underline{\sigma}^0 dS \right] = 0 \; ,$$

(23a)

$$\frac{\partial \Pi'}{\partial \sigma_m} = \sum_{j=1}^{m} \left[\int_{V_j} \underline{v}^T \underline{\underline{B}}^T \underline{c} \, dV \right] = 0 \; .$$

(23b)

Die Integralauswertung erfolgt üblicherweise durch numerische Integration. Hier wird die Gaußsche Quadraturformel /92/ mit 2 * 2 * 2 Stützstellen angewandt. Diese Anzahl von Stützstellen ist für die Erfassung des Gesamtvolumens erforderlich.

Die Penalty-Formulierung nach Gl.(14) läßt sich in Form einer Finite-Elemente-Formulierung schreiben:

$$\Pi' = \sum_{j=1}^{m} \left[\int_{V_j} k_f (\tfrac{2}{3} \underline{v}^T \underline{\underline{B}}^T \underline{\underline{B}} \ \underline{v})^{1/2} dV + \int_{V_j} \tfrac{\lambda}{2} \underline{c}^T \underline{\underline{B}} \ \underline{v} \ \underline{v}^T \underline{\underline{B}}^T \underline{c} \ dV \right.$$

$$\left. - \int_{S_j^\sigma} \underline{v}^T \underline{\underline{N}}^T \underline{\sigma}^0 dS \right] \quad \rightarrow \text{STAT} \quad .$$

$$(24)$$

Durch Differentiation nach $\underline{v}$ ergibt sich folgendes nichtlineare Gleichungssystem:

$$\frac{\partial \Pi'}{\partial \underline{v}} = \sum_{j=1}^{m} \left[\int_{V_j} \frac{2}{3} \frac{k_f}{(\tfrac{2}{3} \underline{v}^T \underline{\underline{B}}^T \underline{\underline{B}} \ \underline{v})^{1/2}} \underline{\underline{B}}^T \underline{\underline{B}} \ \underline{v} \ dV \right.$$

$$(25)$$

$$\left. + \int_{V_j} \underline{\underline{B}}^T \underline{c} \ \lambda \ \underline{c}^T \underline{\underline{B}} \ \underline{v} \ dV - \int_{S_j^\sigma} \underline{\underline{N}}^T \underline{\sigma}^0 dS \right] \quad = 0 \quad .$$

Das zweite Integral der Gl.(25) sollte nach /80,93/ reduziert integriert werden, um die Möglichkeit einer Überbestimmung des Systems bei höherer Integrationsordnung zu umgehen.

Die Gleichungssysteme (23a,b) bzw. (25) lassen sich auf unterschiedliche Weise iterativ lösen. Geeignete Iterationsverfahren sind die direkte Iteration /15,94/ oder ein Newton-Raphson-Verfahren /94/.

Die Vorgehensweise soll beispielhaft anhand der hier gewählten Lagrange-Formulierung erläutert werden (für die Penalty-Formulierung ist analog zu verfahren).

Für die direkte Iteration ergibt sich aus den Gln.(23a,b) folgendes lineare Gleichungssystem für das Element j (Iterationsschritt n):

$$
\begin{bmatrix} K_n & \vdots & Q^T \\ - - & \vdots & - - \\ Q & \vdots & 0 \end{bmatrix}
\begin{bmatrix} \underline{v}_{n+1} \\ - - \\ \sigma_m \end{bmatrix}
=
\begin{bmatrix} T_n \\ - - \\ 0 \end{bmatrix}
\qquad (26)
$$

mit $\quad K_n = \displaystyle\int\limits_{V_j} \dfrac{2}{3} \dfrac{k_f}{(\frac{2}{3} \underline{v}_n^T \underline{\underline{B}}^T \underline{\underline{B}} \, \underline{v}_n)^{1/2}} \underline{\underline{B}}^T \underline{\underline{B}} \; dV$,

$\quad Q = \displaystyle\int\limits_{V_j} \underline{c}^T \underline{\underline{B}} \; dV$,

$\quad Q^T = \displaystyle\int\limits_{V_j} \underline{\underline{B}}^T \underline{c} \; dV$,

$\quad T_n = \displaystyle\int\limits_{S_j^\sigma} \underline{\underline{N}}^T \underline{\sigma}^0 \; dS$.

Die mathematische Beschreibung der Reibung erfolgt mit Hilfe des Coulomb-schen Reibgesetzes. Der Randspannungsvektor $\underline{\sigma}^0$ ergibt sich zu:

$$
\underline{\sigma}^0 = \underline{\sigma}^{to} = \text{sign}\,(\underline{v}^t)\,\mu\,\underline{\sigma}^{n\,o}
\qquad (27)
$$

mit der Coulombschen Reibzahl μ, der Normalenrichtung n und der Tangenten-richtung t. Die Iteration wird erst im reibungsfreien Fall durchgeführt, um den zunächst unbekannten Randspannungsvektor näherungsweise zu bestimmen. Unter Berücksichtigung der so ermittelten Randspannungen werden die Gleichungen (26) iterativ gelöst. Es hat sich gezeigt, daß sich die Reibkräfte während der Iteration nur sehr geringfügig ändern. Dies rechtfertigt die durchgeführte Näherung.

Für das Newton-Raphson Verfahren wird eine Reihenentwicklung vorgenommen und nach dem 2. Glied abgebrochen. Damit ergibt sich nach /1/:

$$
\left[\begin{array}{c|c} P_n & Q^T \\ \hline Q & 0 \end{array}\right] \left[\begin{array}{c} \Delta \underline{v}_{n+1} \\ \hline \sigma_m \end{array}\right] = \left[\begin{array}{c} -H_n \\ \hline -L_n \end{array}\right] + \left[\begin{array}{c} T_n \\ \hline 0 \end{array}\right] \quad (28a)
$$

$$
\text{mit } P_n = \int\limits_{V_j} \frac{2}{3} \frac{k_f}{(\frac{2}{3} \underline{v}_n^T \underline{\underline{B}}^T \underline{\underline{B}} \, \underline{v}_n)^{1/2}} \left(\underline{\underline{B}}^T \underline{\underline{B}} - \frac{\underline{\underline{B}}^T \underline{\underline{B}} \, \underline{v}_n (\underline{\underline{B}}^T \underline{\underline{B}} \, \underline{v}_n)^T}{\underline{v}_n^T \underline{\underline{B}}^T \underline{\underline{B}} \, \underline{v}_n} \right) dV \quad,
$$

$$
H_n = \int\limits_{V_j} \frac{2}{3} \frac{k_f}{(\frac{2}{3} \underline{v}_n^T \underline{\underline{B}}^T \underline{\underline{B}} \, \underline{v}_n)^{1/2}} \underline{\underline{B}}^T \underline{\underline{B}} \, \underline{v}_n dV \quad,
$$

$$
L_n = \int\limits_{V_j} \underline{v}_n^T \underline{\underline{B}}^T \underline{c} \, dV \quad.
$$

Das Geschwindigkeitsfeld $\underline{v}_{n+1}$ wird dabei innerhalb der Iteration nach folgender Vorschrift berechnet:

$$
\underline{v}_{n+1} = \underline{v}_n + \alpha \, \Delta \underline{v}_{n+1} \quad\quad (28b)
$$

mit den Geschwindigkeitsvektoren $\underline{v}_n$ im Iterationsschritt n und $\underline{v}_{n+1}$ im Iterationsschritt n+1.

Roll /1/ gibt an, daß für $\alpha = 1$ die Iterationsvorschrift (27b) zu Divergenz neigt, da die Störungen zu groß sind. Durch geeignete Wahl des Dämpfungsfaktors α kann Konvergenz erzwungen und beschleunigt werden. In /1/ werden Erfahrungswerte für die Wahl des Faktors α angegeben. Eine Optimierung des α-Wertes ist ebenfalls denkbar und könnte wieder mittels eines Newton-Raphson Verfahrens erfolgen.

Es ergibt sich dann folgendes Gleichungssystem für das Element j (Subiterationsschritt m):

$$(R_m + S_m) \ \Delta\alpha_{m+1} \ = \ -I_m + J_m \qquad \text{mit} \tag{28c}$$

$$R_m = \Delta\underline{v}_{-n+1}^T \left[\int\limits_{V_j} \frac{2}{3} \frac{k_f}{(\frac{2}{3} [\underline{v}_{-n}^T + \alpha_m \Delta\underline{v}_{-n+1}^T] \ \underline{\underline{B}}^T \underline{\underline{B}} \ [\underline{v}_{-n} + \alpha_m \Delta\underline{v}_{-n+1}])^{1/2}} \cdot \right.$$

$$\left. \left(\underline{\underline{B}}^T \underline{\underline{B}} - \frac{\underline{\underline{B}}^T \underline{\underline{B}} \ [\underline{v}_{-n} + \alpha_m \Delta\underline{v}_{-n+1}] \ (\underline{\underline{B}}^T \underline{\underline{B}} \ [\underline{v}_{-n} + \alpha_m \Delta\underline{v}_{-n+1}])^T}{[\underline{v}_{-n}^T + \alpha_m \Delta\underline{v}_{-n+1}^T] \ \underline{\underline{B}}^T \underline{\underline{B}} \ [\underline{v}_{-n} + \alpha_m \Delta\underline{v}_{-n+1}]} \right) dV \right] \Delta\underline{v}_{-n+1} \ ,$$

$$S_m = \Delta\underline{v}_{-n+1}^T \left(\int\limits_{V_j} \underline{\underline{B}}^T \underline{c} \ \sigma_m \ dV \right) \ ,$$

$$I_m = \Delta\underline{v}_{-n+1}^T \left[\int\limits_{V_j} \frac{2}{3} \frac{k_f}{(\frac{2}{3} [\underline{v}_{-n}^T + \alpha_m \Delta\underline{v}_{-n+1}^T] \ \underline{\underline{B}}^T \underline{\underline{B}} \ [\underline{v}_{-n} + \alpha_m \Delta\underline{v}_{-n+1}])^{1/2}} \cdot \right.$$

$$\left. \underline{\underline{B}}^T \underline{\underline{B}} \ [\underline{v}_{-n} + \alpha_m \Delta\underline{v}_{-n+1}] \ dV \right] \ ,$$

$$J_m = \Delta\underline{v}_{-n+1}^T \left(\int\limits_{S_j^\sigma} \underline{\underline{N}}^T \underline{\sigma}^0 \ dS \right) \ .$$

Als Startwert für α_m kann 0,5 gewählt werden. Der Faktor α_{m+1} im Bereich $(0 < \alpha_{m+1} \leq 1)$ ergibt sich zu:

$$\alpha_{m+1} = \alpha_m + \Delta\alpha_{m+1} \tag{28d}$$

mit den Dämpfungsfaktoren α_m im Iterationsschritt m und α_{m+1} im Iterationsschritt m+1.

Im Rahmen dieser Arbeit wurde das Verfahren der direkten Iteration realisiert. Es ist das bekannteste und zugleich direkteste Lösungsverfahren. Die Methode war problemlos zu implementieren und hat sich im

Konvergenzverhalten als sehr stabil erwiesen. Die Newton-Raphson Iteration hat die Nachteile eines erhöhten Rechenaufwandes innerhalb einer Iteration und eines komplizierteren Programmaufbaues. Ferner wirkt sich die optimale Wahl des Dämpfungsfaktors α erschwerend aus.

Ein Problem bei den Lösungsstrategien besteht im Finden eines geeigneten Anfangsgeschwindigkeitsfeldes. Je besser dieses Anfangsgeschwindigkeitsfeld ist, desto weniger Iterationen werden benötigt, um das tatsächliche Geschwindigkeitsfeld zu finden. Die Vorgehensweise besteht nun darin, einen linearen Zusammenhang zwischen Spannungsdeviatoren und Formänderungsgeschwindigkeiten anzunehmen /1/:

$$\dot{\varepsilon}_{ij} = \frac{\sqrt{3}}{k_f} \sigma'_{ij} \quad . \tag{29a}$$

Für den reibungsfreien Fall ergibt sich unter dieser Voraussetzung:

$$
\begin{bmatrix}
\int\limits_{V_j} \frac{k_f}{\sqrt{3}} \underline{B}^T \underline{B} \, dV & \vline & Q^T \\
\hline
Q & \vline & 0
\end{bmatrix}
\begin{bmatrix}
\underline{v}_0 \\
\hline
\sigma_m
\end{bmatrix}
=
\begin{bmatrix}
0 \\
\hline
0
\end{bmatrix}
\tag{29b}
$$

mit dem resultierenden Anfangsgeschwindigkeitsfeld $\underline{v}_0$.

Das damit ermittelte Geschwindigkeitsfeld ist ein gutes Anfangsgeschwindigkeitsfeld für die Iteration. Das in dieser Weise vorgeschätzte Geschwindigkeitsfeld erfüllt sowohl die Inkompressibilitätsbedingung als auch die Randbedingungen und ist somit ein im Sinne der oberen Schranke zulässiges Geschwindigkeitsfeld.

Als Lösung der Gleichung (26) ergeben sich Knotenpunktgeschwindigkeiten, die, ausgehend von einem angenommenen Geschwindigkeitsfeld, iterativ ermittelt werden, sowie die Lagrange Parameter, die physikalisch den hydrostatischen Drücken entsprechen. Durch Einsetzen der errechneten Werte in die Verzerrungs-Verschiebungsgleichung (21) lassen sich daraus die Formänderungsgeschwindigkeiten und durch weiteres Einsetzen in die von Misessche Gleichung (1) die Spannungen bestimmen.

4.2 LÖSUNG DER WÄRMEBILANZGLEICHUNG MIT DEM VERFAHREN NACH GALERKIN

Zur Finite-Elemente-Formulierung der schwachen Form der Wärmebilanzgleichung (18) wird das Temperaturfeld angenähert mit

$$T = \underline{N}^T \underline{T} \quad , \tag{30}$$

wobei $\underline{N}^T$ für den Vektor der Formfunktionen steht und $\underline{T}$ für den Vektor der Knotenpunkttemperaturen.

Gl.(30) in Gl.(18) eingesetzt und $N_{\alpha,i}$ ($N_{\alpha,i}$ - part. Ableitung der Formfunktionen nach den Raumkoordinaten x_i) durch $\underline{M}$ ersetzt führt auf:

$$\sum_{j=1}^{m} \left[\int_{V_j} k \; \delta\underline{T}^T \underline{M} \; \underline{M}^T \underline{T} \; dV + \int_{V_j} \rho \, c \; \delta\underline{T}^T \underline{N} \; \underline{N}^T \underline{\dot{T}} \; dV \right.$$

$$\left. - \int_{V_j} \eta \; (k_f \, \dot{\bar{\epsilon}}) \; \delta\underline{T}^T \underline{N} \; dV - \int_{S_{qj}} q_n \delta\underline{T}^T \underline{N} \; dS \right] \quad = 0 \tag{31}$$

mit dem Vektor der Zeitableitungen der Knotenpunkttemperaturen $\underline{\dot{T}}$.

Für beliebige $\delta\underline{T}$ ist dies erfüllt, sofern

$$\sum_{j=1}^{m} \left[\int_{V_j} k \; \underline{M} \; \underline{M}^T dV \; \underline{T} + \int_{V_j} \rho \, c \; \underline{N} \; \underline{N}^T dV \; \underline{\dot{T}} \right.$$

$$\left. - \int_{V_j} \eta \; (k_f \, \dot{\bar{\epsilon}}) \; \underline{N} \; dV - \int_{S_{qj}} q_n \underline{N} \; dS \right] \quad = \underline{0} \tag{32a}$$

oder in einfacher Form,

$$\underline{\underline{C}} \, \dot{\underline{T}} + \underline{\underline{K}} \, \underline{T} = \underline{Q} \quad . \tag{32b}$$

Hierbei ist die Matrix $\underline{\underline{C}}$ die Wärmespeichermatrix, $\underline{\underline{K}}$ die Wärmeleitfähig-keitsmatrix und $\underline{Q}$ der Wärmeflußvektor.

Die Komponenten des Wärmeflußvektors lassen sich ausdrücken als:

$$\underline{Q} = \int\limits_{S_r} \sigma_B \, \varepsilon_E \, (T_A^4 - T_S^4) \, \underline{N} \, dS + \int\limits_{S_c} \alpha \, (T_A - T_S) \, \underline{N} \, dS$$

$$+ \int\limits_{S_t} \alpha_k \, (T_{WZ} - T_{WS}) \, \underline{N} \, dS + \int\limits_{V} \eta \, (k_f \, \dot{\bar{\varepsilon}}) \, \underline{N} \, dV + \int\limits_{S_t} q_f \underline{N} \, dS \tag{32c}$$

mit der Stefan-Boltzmannschen Konstante σ_B, der Emissionszahl ε_E, der Kontaktwärmeübergangszahl α_k und der Wärmeübergangszahl α für die Konvek-tion. Die Temperatur T_A kennzeichnet die Umgebungstemperatur, T_S die Temperatur am Werkstückrand, T_{WZ} die Oberflächentemperatur des Werkzeugs am Kontaktrand und T_{WS} die Oberflächentemperatur des Werkstückes am Kontakt-rand.

Die erste Komponente charakterisiert den Wärmeaustausch des Werkstücks mit der Umgebung infolge Strahlung, die zweite den konvektionsbedingten Anteil. Die dritte Komponente ist eine globale Beschreibung des Wärmeübergangs Werkzeug/Werkstück. Mit den beiden letzten Komponenten in Gl.(32c) werden die Quellwärmen aufgrund der dissipierten Verformungs- und Reibungsenergie in den Wärmeflußvektor $\underline{Q}$ eingearbeitet (Bild 4).

Zur Wärmeerzeugung infolge Reibung läßt sich q_f schreiben als

$$q_f = |\tau_R| \, |v_r| \tag{32d}$$

mit der Reibschubspannung τ_R und der Relativgeschwindigkeit v_r zwischen Werkstück und Werkzeug.

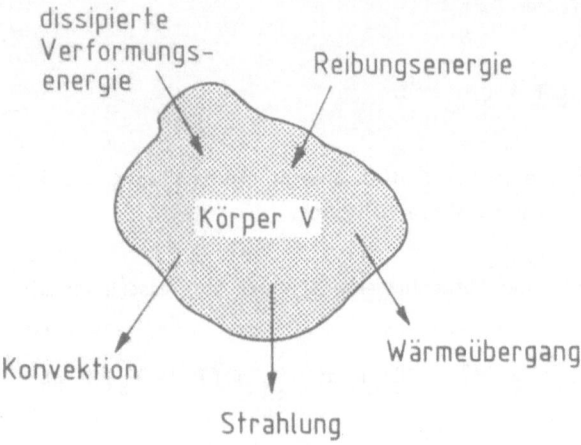

Bild 4: Wärmeerzeugung und Wärmeabgabe.

Für die Zeitintegration der Gln.(32) kommen verschiedene Integrationsverfahren in Betracht (Prädiktor-Korrektor-Verfahren /95/, direkte Iterationsverfahren /15/). Kobayashi /84/ verwendet ein Einschrittverfahren /96,97/
und gibt folgende Approximationsvorschrift an:

$$\underline{I}_{t+\Delta t} = \underline{I}_t + \Delta t \; [(1 - \beta) \; \dot{\underline{I}}_t + \beta \; \dot{\underline{I}}_{t+\Delta t}] \tag{33}$$

mit dem Zeitinkrement oder Zeitschritt Δt. Der Faktor β wird von Kobayashi
aus Stabilitätsgründen zu $\beta = 0,75$ angenommen. Auf das letztgenannte
Verfahren wird im Rahmen der vorliegenden Arbeit zurückgegriffen.

Je nach Wahl des Parameters β werden in der Literatur /15,16/ auch andere
Integrationsvorschriften angegeben:

- Vorwärtsdifferenzen (Euler-Cauchy)   für $\beta = 0$,
- Trapezregel (Crank-Nicolson)   für $\beta = 1/2$,
- Galerkin-Verfahren   für $\beta = 2/3$,
- Rückwärtsdifferenzen (Euler)   für $\beta = 1$.

Zeitschrittverfahren mit $\beta = 0$ werden als <u>explizite Lösungsverfahren</u> bezeichnet und für $\beta > 0$ ergeben sich <u>implizite Verfahren</u>. Zur numerischen Integralauswertung (siehe Kap. 4.1) wird die 2-Punkt-Gauss-Integration verwendet. Als Lösungen der Gln.(32) ergeben sich im ersten Schritt die Zeitableitungen der Temperaturen und in den Folgeschritten die Temperaturen an den Knotenpunkten (siehe Kap. 4.3).

4.3 KOPPLUNG DER THERMISCHEN UND PLASTOMECHANISCHEN TEILPROZESSE

Die im Kapitel 4.1 entwickelten Gleichungen zur Erfassung des Werkstoffflusses und die in Kap. 4.2 entwickelten zur Ermittlung der Temperaturverteilung werden nach der nachfolgend dargestellten Kopplungsprozedur gelöst:

1. Vorgabe des anfänglich bekannten Temperaturfeldes $\underline{T}_0$.

2. Bestimmung des Anfangsgeschwindigkeitsfeldes nach Gl.(29) und berechnen des endgültigen Geschwindigkeitsfeldes nach Gl.(26).

3. Berechnung des Vektors der Zeitableitung der Temperatur $\underline{\dot{T}}_0$ nach Gl.(32b).

4. Ermittlung der Hilfsgröße $\underline{\dot{T}}^*$, die sich beim Auflösen von Gl.(33) nach $\underline{\dot{T}}_{t+\Delta t}$ ergibt:

$$\underline{\dot{T}}^* = - \frac{1}{\beta \, \Delta t} \, \underline{T}_0 - \left(\frac{1 - \beta}{\beta} \right) \underline{\dot{T}}_0 \quad .$$

5. Aktualisierung der Knotenkoordinaten, der Vergleichsformänderung und der Fließspannung für das nächste Inkrement mit $k_f = k_f(\overline{\varepsilon}, \dot{\overline{\varepsilon}}, T)$ (siehe Kap. 5).

6. Lösung der Gleichung

$$\left(\underline{\underline{K}} + \frac{1}{\beta \, \Delta t} \, \underline{\underline{C}} \right) \underline{T}_{\Delta t}^{(1)} = \underline{R} \qquad \text{nach} \quad \underline{T}_{\Delta t}^{(1)}$$

$$\text{mit} \qquad \underline{R} = \underline{Q}_{\Delta t}^{(1)} - \underline{\underline{C}} \, \underline{\dot{T}}^* \quad ,$$

wobei das alte Geschwindigkeitsfeld als erste Näherung der Temperaturverteilung verwendet wird.

7. Berechnung des neuen Geschwindigkeitsfeldes nach Gleichung (26), unter Bezugnahme auf $\underline{T}_{-\Delta t}^{(1)}$.

8. Bestimmung eines zweiten Temperaturfeldes und Lösung von

$$\left(\underline{\underline{K}} + \frac{1}{\beta\,\Delta t}\ \underline{\underline{C}} \right)\ \underline{T}_{-\Delta t}^{(2)} = \underline{R} \qquad \text{nach} \quad \underline{T}_{-\Delta t}^{(2)}$$

$$\text{mit} \qquad \underline{R} = \underline{Q}_{-\Delta t}^{(2)} - \underline{\underline{C}}\ \underline{\dot{T}}^{*}.$$

9. Wiederholung der Schritte 7-8 bis Konvergenz in den Geschwindigkeiten und Temperaturen erreicht ist.

10. Bestimmung eines neuen Feldes der Zeitableitung der Temperatur $\underline{\dot{T}}_{-\Delta t}$.

11. Wiederholung der Schritte 5 - 9 bis die gewünschte Umformung erreicht ist.

Die oben beschriebene Kopplungsprozedur wird in ähnlicher Form von Rebelo und Kobayashi /66/ sowie Kobayashi /84/ angegeben. Der grundsätzliche Unterschied besteht in deren Verwendung eines starr-viskoplastischen Stoffgesetzes.

Die Gleichungen zur Ermittlung der Temperaturen werden aufgrund der Approximationsvorschrift (33) linear gelöst. Während der Kopplungsprozedur (Schritte 7-8) ändert sich das Temperaturfeld, sobald ein neues Geschwindigkeitsfeld bestimmt wird. Nach Oh /98/ sind diese Änderungen während eines Zeitinkrementes Δt vernachlässigbar klein, so daß auf die Wiederholung der Schritte 7-8 verzichtet werden kann. Hinsichtlich der Wirtschaftlichkeit des Verfahrens ist dies ein wichtiger Aspekt.

Abhängig von dem gewählten impliziten Integrationsverfahren können sich die berechneten Temperaturverläufe bei zu groß gewählten Zeitinkrementen von der physikalisch exakten Lösung wegbewegen /99/. Programmtechnisch ließe sich eine automatische Überwachung der Lösungsgenauigkeit problemlos realisieren. Der Zeitschritt Δt könnte für die Temperaturfeldberechnung in bestimmten Zeitabständen in m kleinere Zeitschritte aufgeteilt werden. Die Gleichungen zur Temperaturfeldberechnung müßten dann m-mal pro Zeitschritt Δt gelöst werden. Ein Vergleich der berechneten Temperaturen bei normalem Zeitschritt mit denen bei verkleinertem Zeitschritt gäbe Aufschluß über die Zulässigkeit des gewählten Zeitschritts und damit auf eine eventuell erforderlich werdende Zeitschrittverkleinerung während des Vorgangs. Bei den hier gewählten kleinen Zeitschritten trat das oben beschriebene Problem nicht auf, und es konnte auf die Erstellung einer automatischen Überwachungsprozedur verzichtet werden.

Aufbauend auf der in Abschnitt 4 beschriebenen Finite-Elemente-Formulierung wurde ein Rechenprogramm für die thermomechanische Analyse von Massivumformvorgängen erstellt. Das entwickelte Programmsystem ist in der Programmiersprache FORTRAN 77 geschrieben. Ein vereinfachtes Schaubild zum Programmaufbau ist in Bild 5 dargestellt.*)

Eingabedaten des Programms sind Daten zur geometrischen und thermodynamischen Beschreibung des Problems und zur Beschreibung des Werkstoffverhaltens. In Modul 1 werden ferner eine Reihe von Initialisierungen vorgenommen. Das Werkstoffverhalten wird durch die Anfangsfließspannung und die Fließkurven beschrieben.

Nach der Verarbeitung der Eingabedaten wird in Modul 2 das Anfangsgeschwindigkeitsfeld nach Gl.(29) berechnet. In der folgenden Inkrementschleife wird der Stempel im Hinblick auf die umformtechnische Anwendung um jeweils ein Inkrement des Umformweges weiterbewegt. Zunächst wird in Modul 3 der Iterationszyklus zur Ermittlung des optimalen Geschwindigkeitsfeldes aktiviert.

Es wurde bereits erwähnt (siehe Kap. 4.1), daß die iterative Suche des optimalen Geschwindigkeitsfeldes mit dem Verfahren der direkten Iteration (Gl.(26)) erfolgt (Bild 6). Zur Untersuchung der Konvergenz werden zwei Konvergenzkriterien gleichzeitig verwendet /1/. Für das erste Abbruchkriterium (Grenzwert e_{g1}) bietet sich die Änderung der Energie zwischen zwei Iterationsschritten n und n-1 an:

$$e = \frac{|\ \Pi_n' - \Pi_{n-1}'\ |}{\Pi_n'} < e_{g1} \ . \tag{34}$$

Ein weiteres Abbruchkriterium (Grenzwert e_{g2}) läßt sich durch die Bildung der Norm für die Geschwindigkeiten gewinnen:

---

*)Am Institut für Umformtechnik entwickelte Unterprogramme zur Datenverwaltung und Gleichungslösung standen zur Verfügung. Eine Programmdokumentation (Dateneingabe, Datenfelder etc.) ist im obigen Institut vorhanden. Das Programm wird im Rahmen des Gemeinschaftsprojektes "Prozeßsimulation in der Umformtechnik" laufend weiterentwickelt.

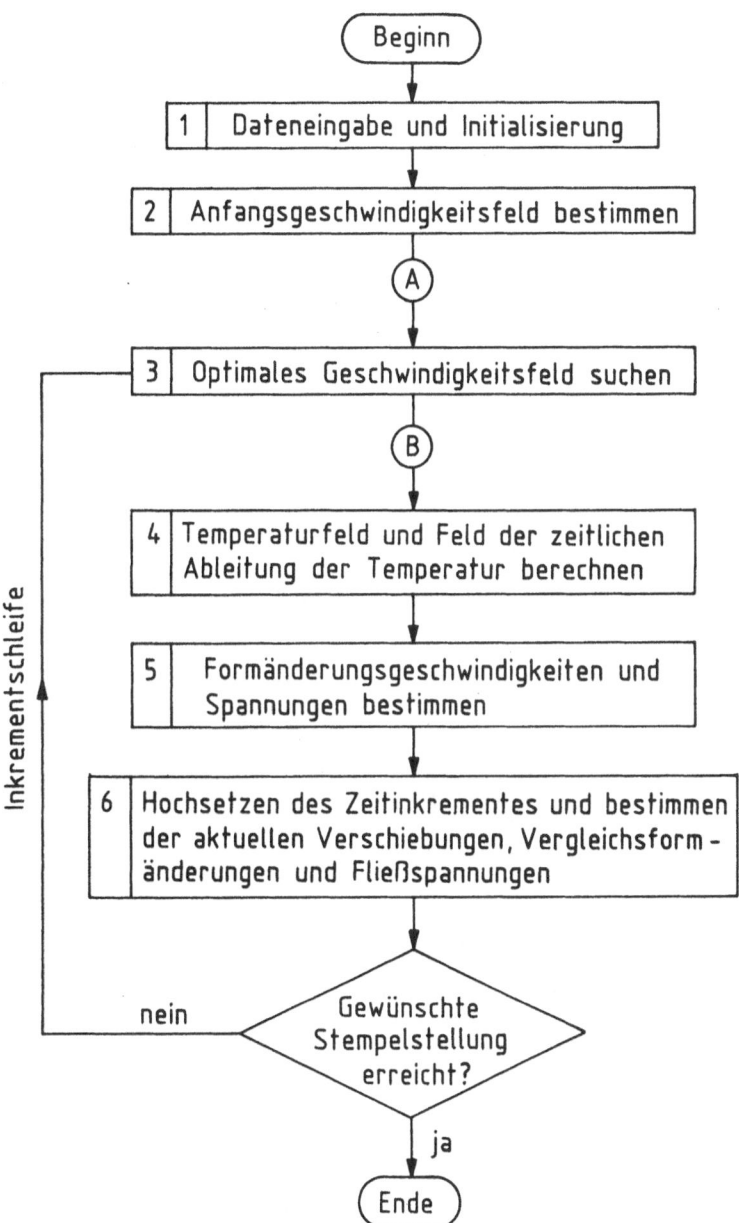

Bild 5: Vereinfachtes Schaubild des Rechenprogramms.

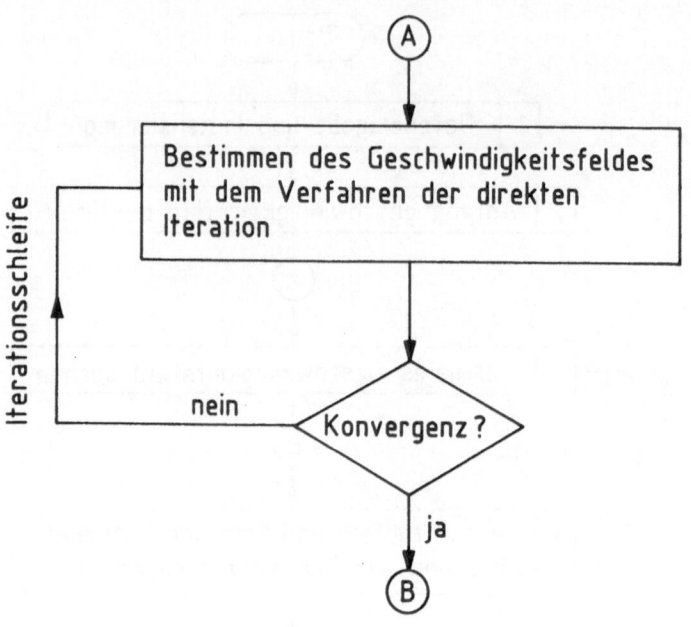

Bild 6: Bestimmung des optimalen Geschwindigkeitsfeldes.

$$e = \frac{\| v_n - v_{n-1} \|}{\| v_n \|} < e_{g2} \quad , \tag{35a}$$

wobei

$$\| v_n \| = \sqrt{\sum_{i=1}^{K} (v_n^i)^2} \quad . \tag{35b}$$

Der Faktor K berechnet sich aus den drei Geschwindigkeitsfreiheitsgraden je Knotenpunkt multipliziert mit der Anzahl der Knotenpunkte. Die Rechnung wird erst abgebrochen, wenn eine der beiden Schranken e_{g1} oder e_{g2} unterschritten wird.

Rebelo deutet in /94/ eine weitere Optimierungsstrategie an, die er aber nicht detailliert beschreibt. Eine solche Möglichkeit wird in Bild 7 skizziert. Zunächst wird mit dem Verfahren der direkten Iteration (Gl.(26))

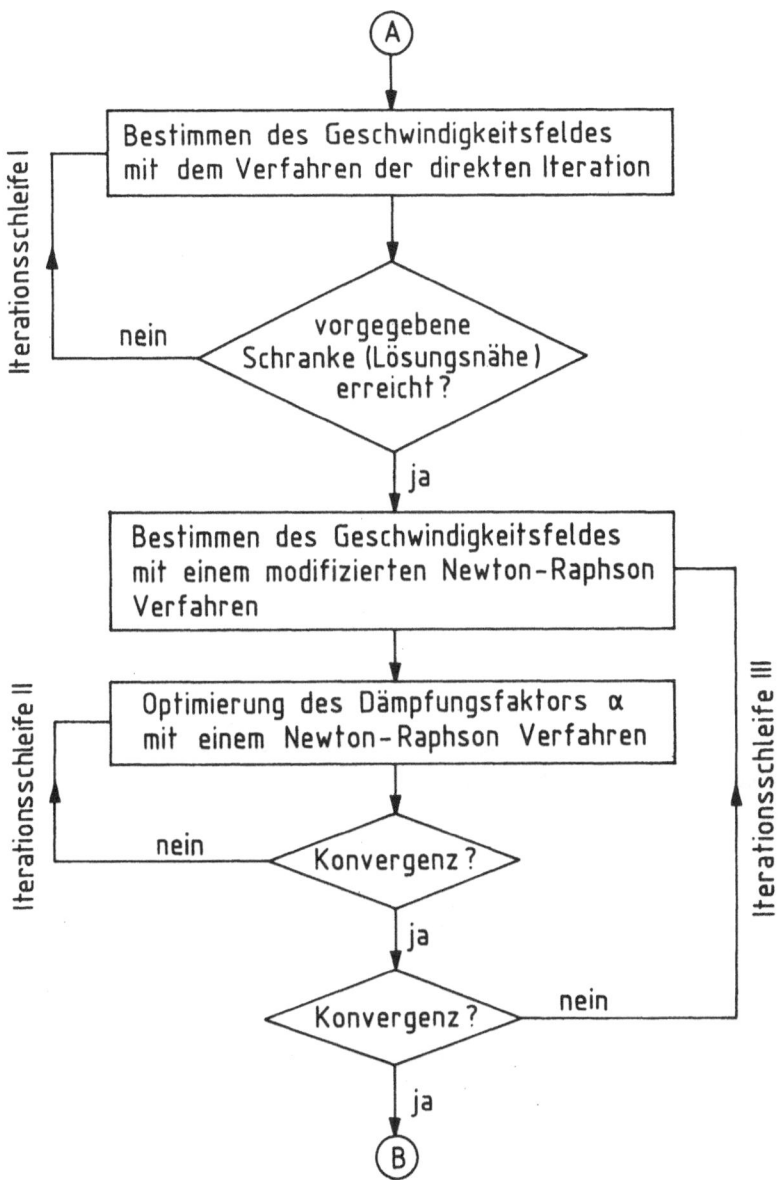

Bild 7: Eine weitere Optimierungsstrategie zur Bestimmung des optimalen Geschwindigkeitsfeldes.

bis in "Lösungsnähe" iteriert. Dann erfolgt eine Umschaltung auf das Newton-Raphson Verfahren (Gl.(28a)). In Bild 7 ist innerhalb der Newton-Raphson Iteration eine Optimierungsschleife für den Dämpfungsfaktor (Gln.(28b-28d)) eingebettet. Als Kriterien für das Umschalten von der direkten Iteration auf das Newton-Raphson Verfahren lassen sich die Gln.(34) und (35) mit gröberen Grenzwerten

$$\bar{e}_{g1} > e_{g1} \qquad \text{und}$$

$$\bar{e}_{g2} > e_{g2} \qquad (36)$$

verwenden. Die Konvergenzgrenzwerte e_{g1} und e_{g2} können in unveränderter Form für die Newton-Raphson Iteration genommen werden. Für die Optimierung des Dämpfungsfaktors läßt sich als Kriterium für den Konvergenztest (Grenzwert e_{g3}) direkt

$$e = \Delta\alpha_{m+1} < e_{g3} \qquad (37)$$

bilden.

Alle durchgeführten Rechnungen mit dem hier verwendeten Verfahren der direkten Iteration (Bild 6) zeigten ein gutes Konvergenzverhalten. Daher wurde auf eine programmtechnische Realisierung der Vorgehensweise nach Bild 7 verzichtet.

Fällt die Konvergenzkontrolle nach Bild 6 positiv aus, so wird die Iterationsschleife zur Bestimmung des optimalen Geschwindigkeitsfeldes beendet. In Modul 4 (Bild 5) wird dann die Berechnung des Temperaturfeldes (Gln.(32)) durchgeführt (siehe Kap. 4.3). Im Wärmeflußvektor $\underline{Q}$ wird die Quellwärme aufgrund der dissipierten Verformungsenergie berücksichtigt (Voraussetzung: adiabater Vorgang; siehe Kap. 6 und 7). Mit den berechneten Geschwindigkeiten und Temperaturen werden anschließend die Formänderungsgeschwindigkeiten und Spannungen bestimmt (Modul 5). Die Verschiebungen x_i in der Struktur und die Vergleichsformänderungen $\bar{\varepsilon}$ lassen sich am Ende der Inkrementschleife durch Integration der Geschwindigkeiten und Vergleichsformänderungsgeschwindigkeiten berechnen (Modul 6). Die Integration über die Zeit wird dabei durch eine einfache Summation über alle Zeitinkremente ersetzt:

$$x_i = \int_{t_0}^{t_1} v_i \, dt \quad \approx \quad \sum_{\Delta t} v_i \, \Delta t \quad (38a)$$

und

$$\overline{\varepsilon} = \int_{t_0}^{t_1} \dot{\overline{\varepsilon}} \, dt \quad \approx \quad \sum_{\Delta t} \dot{\overline{\varepsilon}} \, \Delta t \quad . \quad (38b)$$

Die Fließspannungen k_f als eine Funktion der zuvor ermittelten Vergleichsformänderungen, Vergleichsformänderungsgeschwindigkeiten und Temperaturen werden anhand der vorgegebenen Eingabedaten (Fließkurven) aktualisiert. Der instationäre Umformvorgang wird damit durch eine Anzahl quasi-stationärer Inkremente beschrieben. Sofern nach der Erhöhung des Zeitinkrementes der Umformvorgang noch nicht beendet ist, wird die Inkrementschleife beginnend vom Modul 3 wiederholt, ansonsten beendet. Bei erneutem Durchlauf der Inkrementschleife dient die Lösung, d.h. das Geschwindigkeitsfeld, des n'ten Lastschritts als Anfangslösung für das n+1'te Inkrement.

Das Markovsche Extremalprinzip (Gl.(11)) gibt strenggenommen nur für starr-idealplastisches Werkstoffverhalten (Bild 8a). Durch die Aufteilung des instationären Vorgangs in einzelne quasi-stationäre Teilschritte läßt sich eine Erweiterung auf reale Vorgänge mit Werkstoffverfestigung vornehmen. Innerhalb eines Inkrementes oder quasi-stationären Teilschritts $\Delta \overline{\varepsilon}$ mit

$$\Delta \overline{\varepsilon} = \dot{\overline{\varepsilon}} \, \Delta t \quad (39)$$

verhält sich der Werkstoff voraussetzungsgemäß starr-idealplastisch. Durch die inkrementelle Vorgehensweise nach Gl.(38b) erfolgt eine treppenförmige Annäherung an die vorgegebene Fließkurve (Bild 8b) und damit eine Beschreibung der Verfestigung.

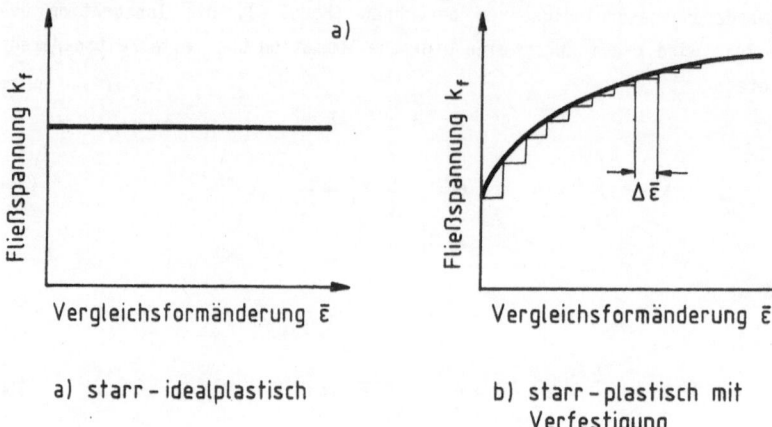

a) starr-idealplastisch

b) starr-plastisch mit Verfestigung

Bild 8: Werkstoffmodelle.

Da das Extremalprinzip nur im Bereich plastischer Gebiete gilt, muß die Berechnungsmethode in der Lage sein, starre Gebiete zu erkennen und von den plastischen zu trennen. Es wird daher eine Schranke eingeführt, die eine Unterscheidung in starre und plastische Gebiete erlaubt /1/. Dazu wird eine bezogene mittlere Vergleichsformänderungsgeschwindigkeit

$$\dot{\bar{\epsilon}}_m = \frac{1}{V} \int_V \dot{\bar{\epsilon}} \, dV \tag{40}$$

berechnet und die Vereinbarung getroffen, daß sich der Werkstoff starr verhalten soll für

$$\dot{\bar{\epsilon}} \leq 10^{-3} \, \dot{\bar{\epsilon}}_m \tag{41a}$$

und plastisch für

$$\dot{\bar{\epsilon}} > 10^{-3} \, \dot{\bar{\epsilon}}_m \quad . \tag{41b}$$

Zur Abgrenzung des starren vom plastischen Bereich läßt sich demzufolge eine Starrgrenze g definieren:

$$g = 10^{-3} \, \dot{\bar{\varepsilon}}_m \quad . \tag{41c}$$

Die von Misessche Gleichung (5a) wird für den starren Bereich derart modifiziert, daß gelten soll:

$$\sigma'_{ij} = \frac{2}{3} \frac{\bar{\sigma}}{g} \, \dot{\varepsilon}_{ij} \quad . \tag{42}$$

Die in dieser Form berechneten "pseudo-elastischen" Spannungen im starren Bereich sind natürlich nicht exakt, da die von Misesschen Gleichungen nur für das plastische Gebiet gelten. Diese Vorgehensweise erlaubt aber eine problemlose Trennung von starren und plastischen Gebieten während der Berechnung.

In diesem Kapitel wird die praktische Anwendbarkeit des zuvor beschriebenen Rechenverfahrens und des daraus abgeleiteten Finite-Elemente-Rechenprogrammes PLADAN (Akronym für: PLAstische-Deformations-ANalyse) diskutiert. Dazu werden beispielhaft das Kaltstauchen eines Quaders (Werkstoffe: Stahl Ck 15 und Stahl 16MnCr5) und die dabei auftretende Erwärmung sowie das Warmstauchen eines Aluminiumquaders (Werkstoff: Al 99,5) betrachtet. Zunächst erfolgt eine Überprüfung der Rechnung anhand eines Vergleichs mit geschlossenen analytischen Lösungen (Abschnitt 6.1). Über den Einfluß der Netzfeinheit auf die Ergebnisse wird dann in Abschnitt 6.2 berichtet. In Abschnitt 6.3 folgen Betrachtungen zum Stofffluß und Kraftbedarf. Auf die örtliche Verteilung der Vergleichsformänderungen, Vergleichsformänderungsgeschwindigkeiten, Spannungen, Temperaturen und deren Änderungen über die Zeit wird in den Folgeabschnitten 6.4 bis 6.6 eingegangen. Abschließend zu Kapitel 6 wird in Abschnitt 6.7 die Größenordnung der berechneten Temperaturen analytisch abgeschätzt. Auf die notwendige experimentelle Überprüfung der ermittelten Ergebnisse wird in Kapitel 7 eingegangen.

6.1 ANALYTISCHE ÜBERPRÜFUNG DER RECHNUNG BEIM KALTSTAUCHEN OHNE REIBUNGSEINFLUSS

Das Stauchen eines Quaders ohne Berücksichtigung der Reibung bietet die Möglichkeit einer ersten analytischen Überprüfung des Simulationsergebnisses. Beim reibungsfreien Stauchen eines Quaders zwischen zwei parallelen Stauchbahnen handelt es sich um einen homogenen Umformvorgang, der in der Praxis aber nur näherungsweise erreicht werden kann. Die Reibungsfreiheit, zusammen mit dem Fehlen von Scherungen, sind die Grundvoraussetzungen für eine homogene Umformung. Hierfür sind geschlossene analytische Rechenvorschriften ableitbar.

Für das in Bild 9 dargestellte Problem läßt sich die v. Misessche Vergleichsspannung $\bar{\sigma}$ in Abhängigkeit von der aktuellen Werkstückhöhe h analytisch darstellen als

$$\bar{\sigma} = \sigma_{zz} = k_f = 704 \ \bar{\varphi}^{0,24} \quad N/mm^2 \tag{43a}$$

mit dem Vergleichsumformgrad

$$\bar{\varphi} = \ln(h_0/h) \ . \tag{43b}$$

Die Fließkurve wird hierbei mit Hilfe des Ludwik-Ansatzes

$$k_f = C \ \bar{\varphi}^n \tag{43c}$$

beschrieben.

Die in Gl.(43a) angegebenen Werkstoffdaten für C und n /50/ (Gl.(43c)) entsprechen einem weichgeglühten Ck 15-Stahl. Die Anfangsfließspannung k_{fo} beträgt 240 N/mm².

Für einen Vergleichsumformgrad

$$\bar{\varphi} = \ln(h_0/h_2) \ = 1{,}098 \tag{44a}$$

mit h_0 = 60 mm und h_2 = 20 mm ergibt sich somit

$$\bar{\sigma} = \sigma_{zz} = k_f = 720 \ \text{N/mm}^2 \ . \tag{44b}$$

Das gleiche Problem wurde mit dem FE-Programm nachgerechnet. Aus Symmetriegründen wurde lediglich der gerasterte Bereich (ein Achtel des Rohteils) in Bild 9 mit 27 Elementen diskretisiert. Diese Anzahl von Elementen ist für den homogenen Umformvorgang ausreichend. Während der Berechnung dieses einfachen Umformvorgangs waren lediglich 2 Iterationen / Inkrement nötig. Der zeitlich kontinuierliche Vorgang wurde durch 200 Zeitschritte (Δt = 0,1s) angenähert. Das Stempelweginkrement ergab sich zu Δz = -0,1 mm.

Es wurde folgender Wert für den Vergleichsumformgrad $\bar{\varphi}$ berechnet:

$$\bar{\varphi} = 1{,}095 \ . \tag{45a}$$

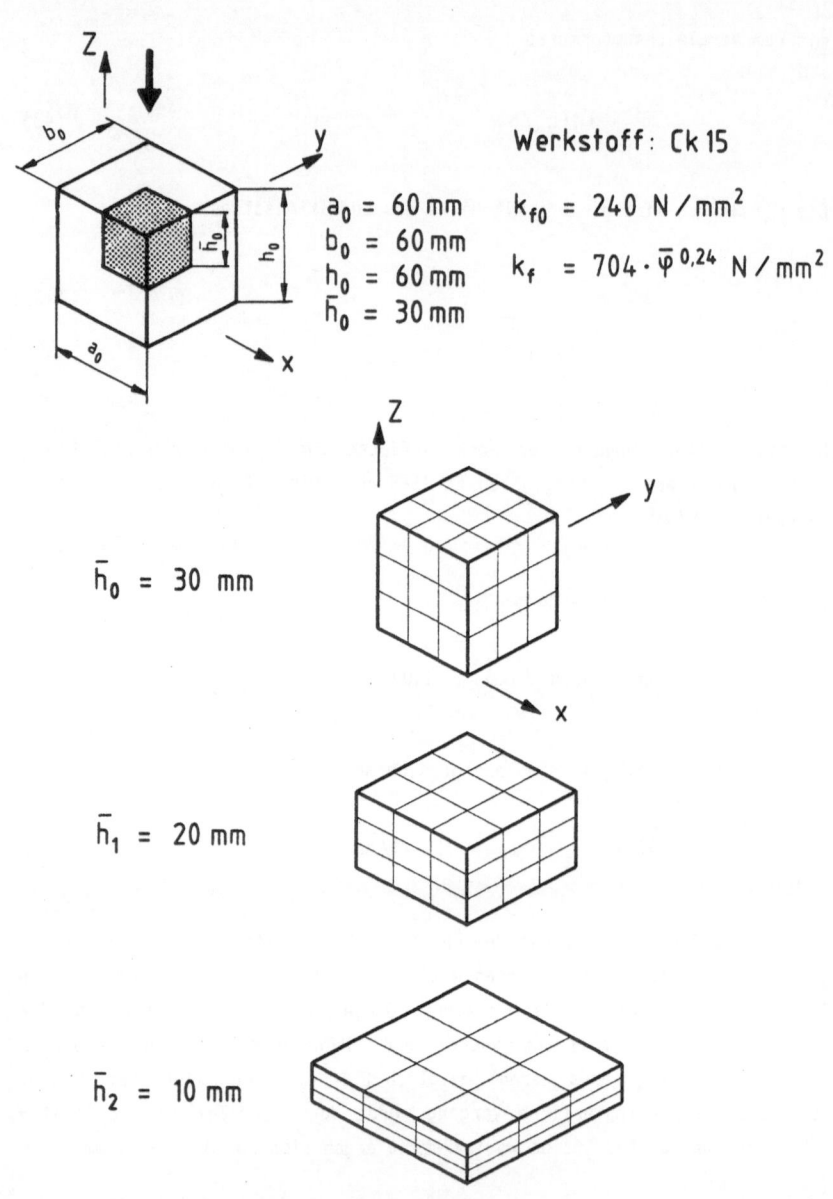

Werkstoff: Ck 15

$a_0 = 60\,mm$

$b_0 = 60\,mm$

$h_0 = 60\,mm$

$\bar{h}_0 = 30\,mm$

$k_{f0} = 240\,N/mm^2$

$k_f = 704 \cdot \bar{\varphi}^{0,24}\,N/mm^2$

$\bar{h}_0 = 30\,mm$

$\bar{h}_1 = 20\,mm$

$\bar{h}_2 = 10\,mm$

Bild 9: Reibungsfreies Stauchen eines Quaders:
Idealisierung und deformierte Struktur bei unterschiedlichen Höhenabnahmen.

Daraus resultiert die Vergleichsspannung

$$\bar{\sigma} = \sigma_{zz} = k_f = 719,5 \text{ N/mm}^2 \quad . \tag{45b}$$

Der Vergleich zwischen den analytisch exakten Ergebnissen (Gln.(44)) und den numerisch berechneten Ergebnissen (Gln.(45)) zeigt eine sehr gute Übereinstimmung. Der geringe Unterschied resultiert aus der inkrementellen Beziehung nach Gl.(38b).

Der aufgetretene "numerische" Volumenverlust von 0,49 %, bezogen auf das Anfangsvolumen, ist ebenfalls durch die zeitliche Diskretisierung zu begründen (Näherungsbeziehung nach Gl.(38a)) /1,50/. Die Inkompressibilitätsbedingung (Gl.(13)) wird davon nicht berührt. Die Volumenänderung könnte durch die Vorgabe kleinerer Zeitschritte Δt, allerdings auf Kosten eines erhöhten Rechenaufwandes bei vernachlässigbarem Gewinn an Genauigkeit, beliebig klein gehalten werden.

6.2   EINFLUSS DER NETZFEINHEIT AUF DIE ERGEBNISSE

Die Ergebnisse einer numerischen Simulation werden von der Zeitschrittgröße und der Anzahl der gewählten Elemente, also der Netzfeinheit, maßgeblich beeinflußt. Für die Abschätzung der notwendigen Zeitschrittgröße und die Wahl der Konvergenzschranken (Gln.(34,35)) konnte auf umfangreiche Untersuchungsergebnisse beim Zylinderstauchen /100/ (zweidimensional) zurückgegriffen werden. Zur Beurteilung der Abhängigkeit der Ergebnisse von der Netztopologie, d.h. der gewählten Anzahl von Elementen bzw. Freiheitsgraden, wurden unterschiedliche Idealisierungen vorgenommen. Betrachtet wurde das Stauchen eines Quaders (Werkstoff: Stahl 16MnCr5) mit den Abmessungen 50 mm * 50 mm * 35 mm(Bild 10). Wie bereits erwähnt, genügte die Betrachtung eines Achtels des Rohteils mit der Höhe $\bar{h}_o$ = 17,5 mm. Zwischen Stauchbahn und Werkstück wurde Coulombsche Reibung (Reibzahl μ = 0,05) angenommen.

Ausgehend von der Ausgangshöhe $\bar{h}_o$ = 17,5 mm wurde das Teil auf $\bar{h}_o$ = 16 mm gestaucht. Nach Bild 10 wurden unterschiedlich feine Elementnetze mit 48 (4x4x3), 125 (5x5x5) und 448 (8x8x7) Elementen gewählt. Damit standen

Werkstoff: 16 Mn Cr 5

$\mu = 0,05$
$\rho = 7,85\ kg/dm^3$
$c = 0,440\ kJ/(kg \cdot K)$
$k = 47\ W/(m \cdot K)$
$\eta = 0,88$
$T_0 = 20\,°C$

$a_0 = 50\ mm$
$b_0 = 50\ mm$
$h_0 = 35\ mm$
$\bar{h}_0 = 17,5\ mm$

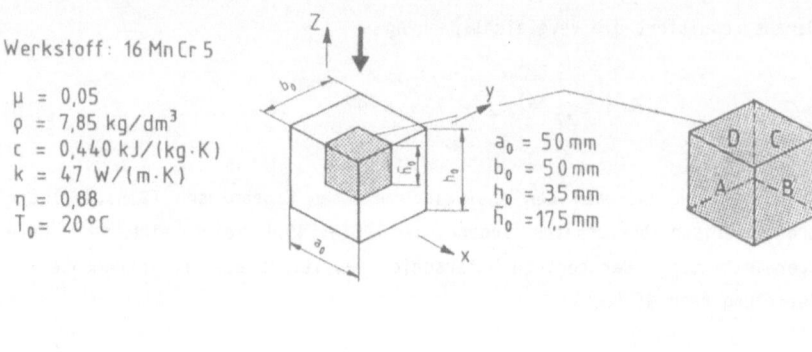

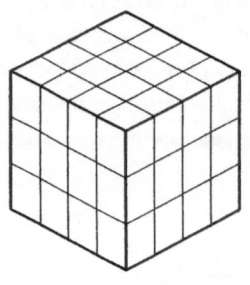

Unterschiedliche
Idealisierungen
der Stauchprobe

4 * 4 * 3 Elemente
(500 Freiheitsgrade)

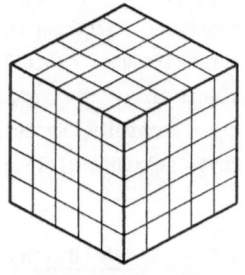

5 * 5 * 5 Elemente
(1080 Freiheitsgrade)

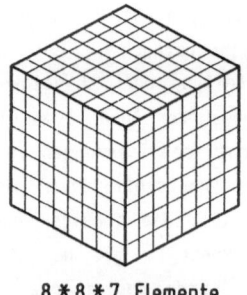

8 * 8 * 7 Elemente
(3240 Freiheitsgrade)

Bild 10: Unterschiedliche Netztopologien beim Stauchen.

für die Berechnungen mit PLADAN insgesamt 500 Freiheitsgrade (300 Geschwindigkeiten, 100 Temperaturen, 100 hydrostatische Drücke), 1080 Freiheitsgrade und 3240 Freiheitsgrade zur Verfügung.

Bild 11 zeigt die Verteilung der berechneten Vergleichsformänderungen und der v. Misesschen Vergleichsspannungen. Die Ergebnisse sind in der Schnittebene C nach dem Stauchen auf $\overline{h}$ = 16 mm für die drei unterschiedlichen Netztopologien aufgetragen. Die Darstellung erfolgt mittels Höhenlinien (Isolinien) konstanter Spannung bzw. konstanter Vergleichsformänderung. In Bild 12 werden ferner die berechneten axialen Spannungen und die auftretenden örtlichen Temperaturen (Anfangstemperatur T_o = 20°C) einander zum Vergleich gegenübergestellt. Beide Bilder 11 und 12 lassen erkennen, daß eine Verfeinerung des Netzes von 125 (5x5x5) auf 448 (8x8x7) Elemente in keinem Fall eine wesentliche Änderung und damit Verbesserung der Ergebnisse bringt. Ferner ist zu erkennen, daß die Verläufe der Temperaturen, Vergleichsformänderungen und Vergleichsspannungen bereits mit dem groben FE-Netz (48 Elemente) ausreichend genau bestimmt werden können. Für die hinsichtlich der gewählten Elementeinteilung empfindlicheren axialen Spannungen liefert das grobe Netz allerdings deutliche Abweichungen von der konvergenten Lösung. Die berechneten Umformkräfte nach Tabelle 1 zeigen dagegen keinerlei Abhängigkeit im Rahmen der gewählten Netzfeinheiten.

Aktuelle Höhe	Stempelkraft F in kN		
h in mm	4 * 4 * 3 Elemente	5 * 5 * 5 Elemente	8 * 8 * 7 Elemente
17.500	924,5	925,0	925,2
17.125	1169,6	1169,9	1170,0
16,750	1439,0	1439,3	1439,4
16,375	1651,3	1651,6	1651,6
16.000	1804,4	1802,9	1802,9
CPU in s (40 Inkremente)	142	465	4995

Tabelle 1: Stempelkräfte und benötigte Rechenzeiten auf einem CRAY 2 Größtrechner für unterschiedliche Netztopologien.

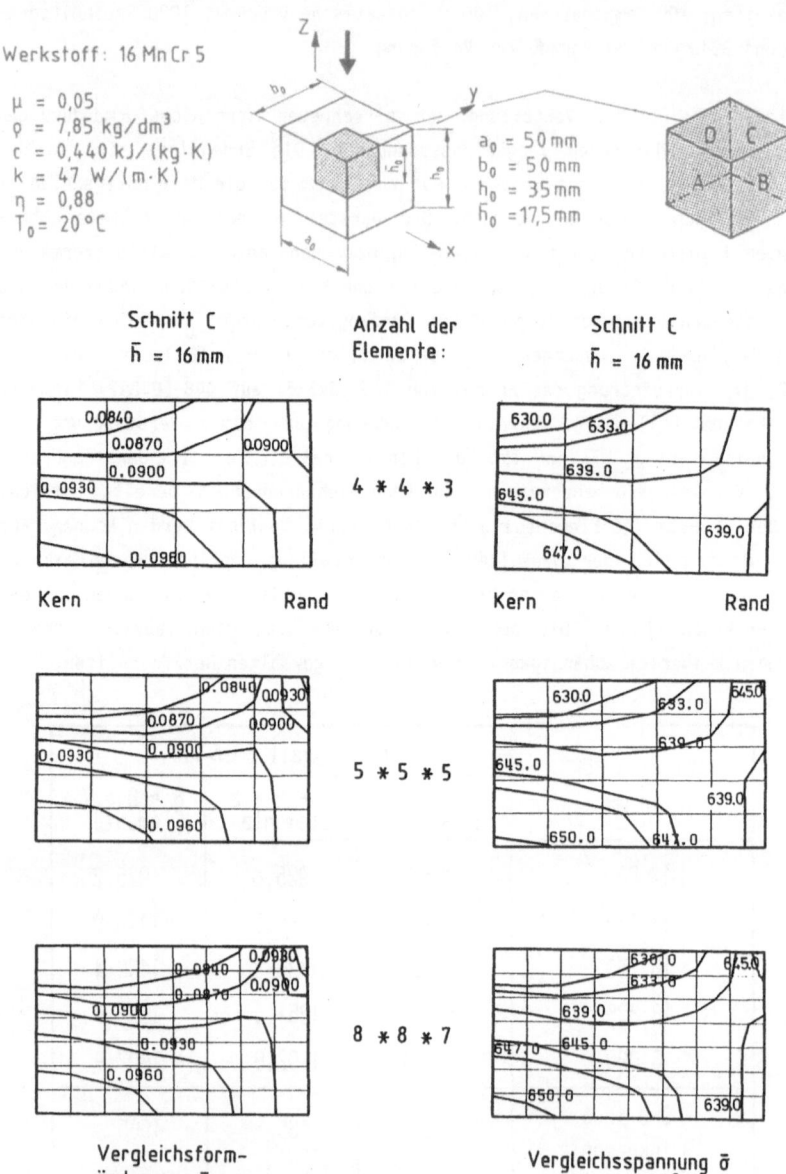

Bild 11: Einfluß der Netzfeinheit auf die berechneten Vergleichsformänderungen und Vergleichsspannungen.

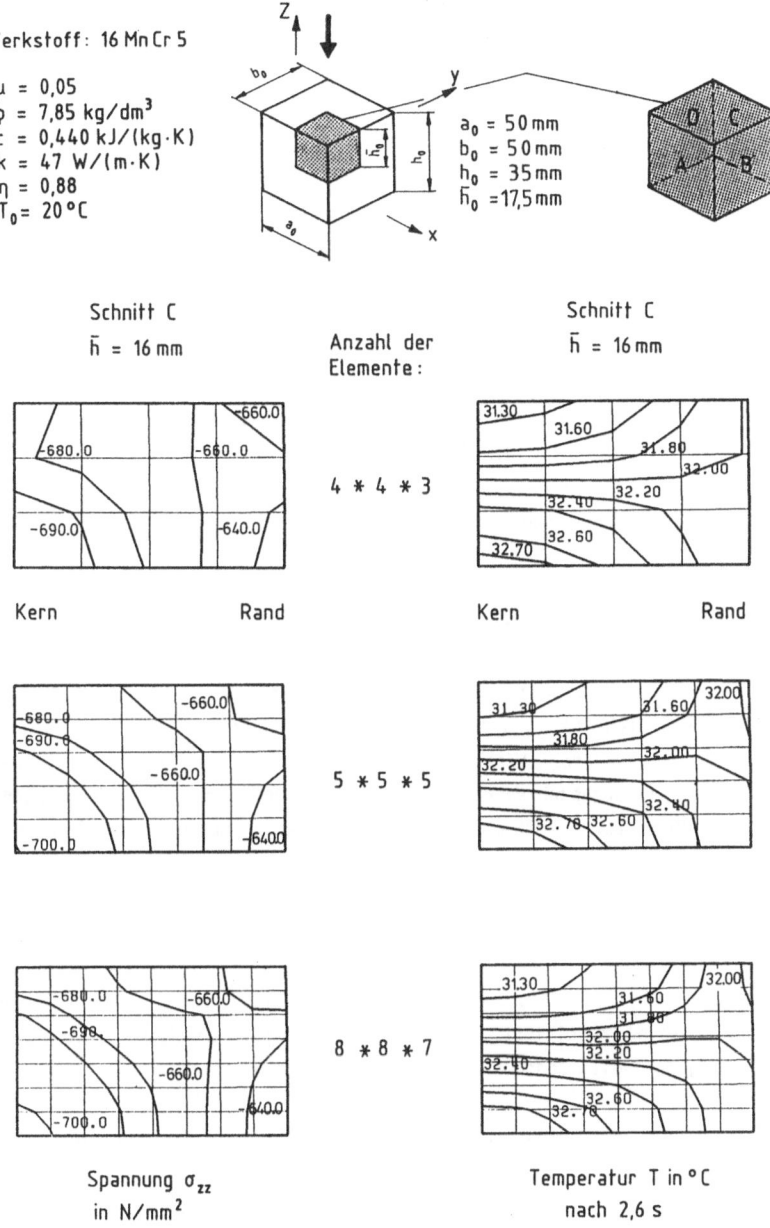

Bild 12: Einfluß der Netzfeinheit auf die berechneten axialen Spannungen und Temperaturen.

Hinsichtlich der geeigneten Netztopologie ist zu vermerken, daß sie vom Umformgrad und von der Reibzahl abhängt. Je größer die Inhomogenität der Verformung, desto feiner muß die Elementeinteilung vorgenommen werden.

Für den hier betrachteten Stauchvorgang lieferte ein Elementnetz von 5x5x5 Elementen bereits die konvergente Lösung. Für alle weiteren Rechnungen wurde daher mit ähnlichen Netztopologien gearbeitet. Der Umformvorgang wurde auf einem CRAY 2 Größtrechner simuliert und benötigte nach Tabelle 1 Rechenzeiten von 142 s (48 Elemente), 465 s (125 Elemente) und 4995 s (448 Elemente). Dies zeigt den erheblichen Anstieg der Rechenzeiten und damit Rechenkosten bei einer unnötigen Verfeinerung des FE-Netzes.

Abschließend sei bemerkt, daß die Volumenabweichungen für jede der gewählten Netztopologien 0,0145 % betrugen. Die Einhaltung der Volumenkonstanz hängt also nicht von der Topologie, sondern nur vom gewählten Zeitschritt ab (siehe Kap. 6.1).

6.3   STOFFFLUSS UND KRAFTBEDARF

In diesem Abschnitt werden Ergebnisse zum Stofffluß und Kraftbedarf beim Stauchen von Stahl Ck 15 und Aluminium Al 99,5 gezeigt. Nach Bild 13 wurde zunächst ein Quader (Werkstoff: Ck 15) unter der Voraussetzung der Haftreibung (Stauchbahn/Werkstück) zwischen zwei parallelen Stauchbahnen von $\overline{h}_0$ = 30 mm auf $\overline{h}$ = 22 mm gestaucht. Der Umformvorgang wurde auf einem CRAY 1M Größtrechner gerechnet und benötigte ca. 300 s CPU-Zeit. Bild 13 zeigt die verzerrten Elementnetze in zwei unterschiedlichen Blickrichtungen für rel. Höhenabnahmen von 13 % und 27 %. Der gesamte Vorgang wurde durch 80 Zeitinkremente (Δt = 0,1 s, Δz = - 0,1 mm) angenähert und der gerasterte Bereich in 5 * 5 * 4 Elemente unterteilt. Durch die Randbedingung der Haftreibung resultiert eine extrem inhomogene Umformung. Die starke Auswölbung der seitlichen Oberflächen macht dies deutlich.

Das rechte vordere Element an der Werkstückoberfläche zeigt bei der Endhöhe von $\overline{h}$ = 22 mm eine stark verzerrte Elementform. Bei der Simulation instationärer Umformvorgänge mit großen Formänderungen können die Elemente generell zu flach oder zu spitzwinklig werden. Die Folge sind schlecht konditionierte oder fast singuläre Matrizen. Eine effiziente Abhilfe kann

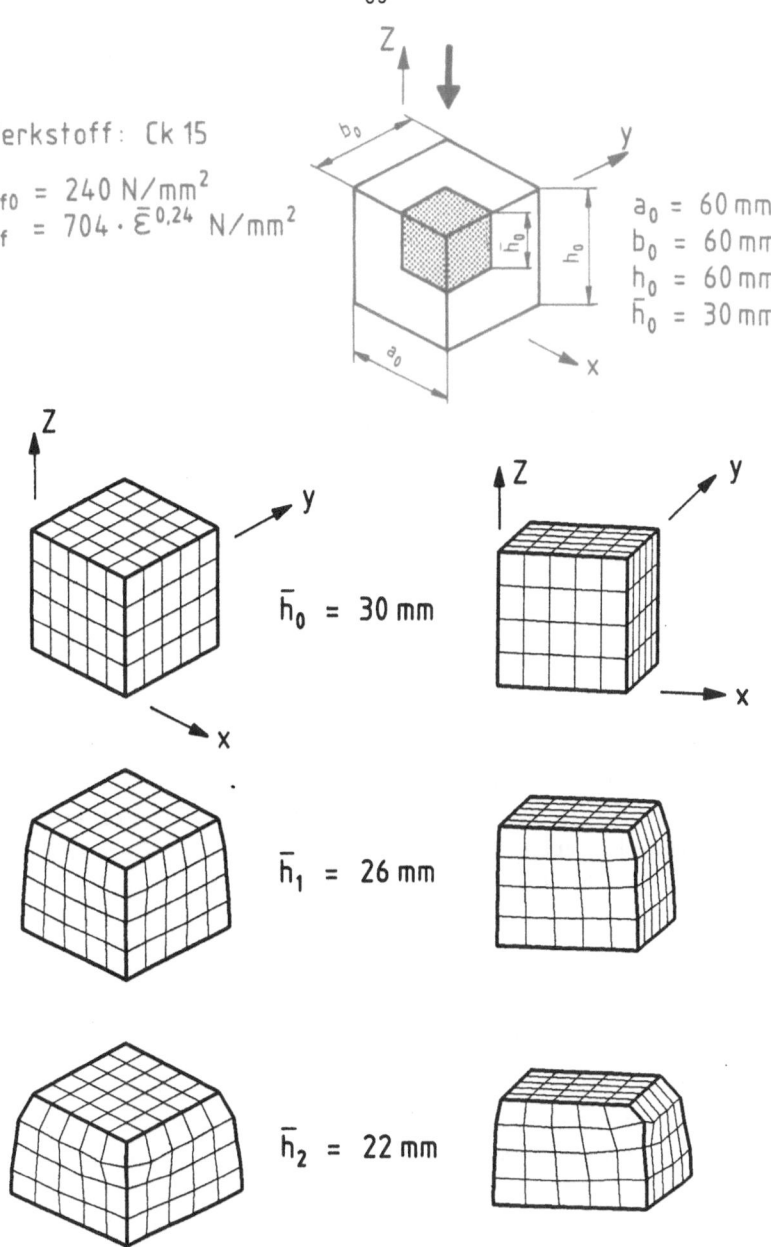

Bild 13: Stauchen eines Quaders mit angenommener Haftreibung zwischen Stauchbahn und Werkstück.

hier nur eine Netzneugenerierung bringen. Durch ein sogenanntes "Remeshing"-Verfahren wird eine neue FE-Netzaufteilung generiert und die Werkstoffdaten werden auf das neue Netz übertragen. Ein geeignetes Verfahren für dreidimensionale Probleme der Umformtechnik wurde bislang nicht entwickelt. Einige Ansätze für spezielle Probleme werden in /1,82,101,102/ aufgezeigt.

Bild 13 ist ferner zu entnehmen, daß sich die vordere rechte Kante bei weiterem Stauchen an die obere Stauchbahn anlegen würde. Dadurch treten Kontaktprobleme auf, die durch variable Kontaktbedingungen (Anlegen und Ablösen von Kontaktzonen) zwischen Werkstück und Werkzeug gekennzeichnet sind. Für solche Probleme existieren ebenfalls noch keine allgemeinen Verfahren zur dreidimensionalen Simulation. Im Hinblick auf die Prozeßsimulation umformtechnischer Vorgänge sind verschiedene Lösungsansätze bekannt. In der Literatur werden Formulierungen mit Lagrange-Parametern /103,104/, Straffunktions-Formulierungen /105,106/ und die direkte Formulierung /107,108/ beschrieben.

Beim Kaltstauchen von Stahl ist bei geschmierten Preßflächen im allgemeinen mit Coulombschen Reibzahlen $\mu \approx 0,05...0,15$ /109/ zu rechnen. Für einen weiteren Stauchvorgang wurde ein mittlerer Wert $\mu = 0,1$ angenommen (Bild 14). Die Werkstoffdaten entsprechen denjenigen des weichgeglühten Ck 15 Stahles. Der gerasterte Bereich wird wieder mit 100 Elementen diskretisiert. Die Schrittweite betrug $\Delta t = 0,1$ s, d.h. die Probe wurde in Schritten von 0,1 mm gestaucht, da als Werkzeuggeschwindigkeit 2 mm/s angenommen wurde. Der Vorgang wurde mit 120 Zeitschritten angenähert. Die benötigte Rechenzeit auf der CRAY 2 betrug 1500 s CPU-Zeit. Bild 14 zeigt die Ausgangsgeometrie, den Stofffluß und die verzerrten Elementnetze in zwei unterschiedlichen Blickrichtungen für rel. Höhenabnahmen von 20 % und 40 %. Für die iterative Lösung der nichtlinearen Gleichungssysteme zur Bestimmung des Geschwindigkeitsfeldes wurden zwischen 7 und 12 Iterationen / Inkrement benötigt. Die für einen Stauchvorgang typische tonnenförmige Auswölbung der Seitenflächen ist deutlich zu erkennen. In Bild 15 wird die zugehörige Geschwindigkeitsverteilung in der Probe zu Beginn der Umformung und bei o.g. rel. Höhenabnahmen gezeigt. Der Werkstofffluß wird hierbei klar erkennbar. Bei konstanter Stempelgeschwindigkeit müssen die Geschwindigkeiten mit fortschreitender Umformung zunehmen. Auch dies wird im Bild verdeutlicht.

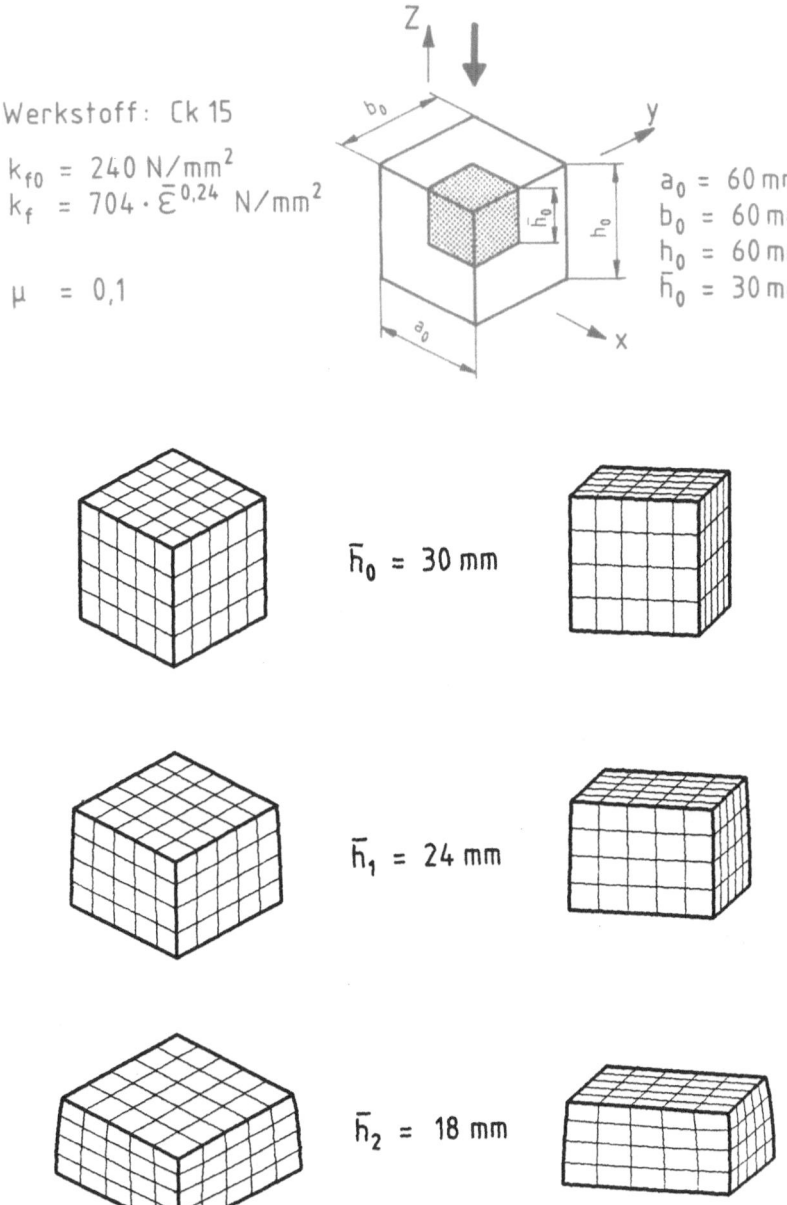

Bild 14: Stauchen eines Quaders unter Annahme Coulombscher Reibung.

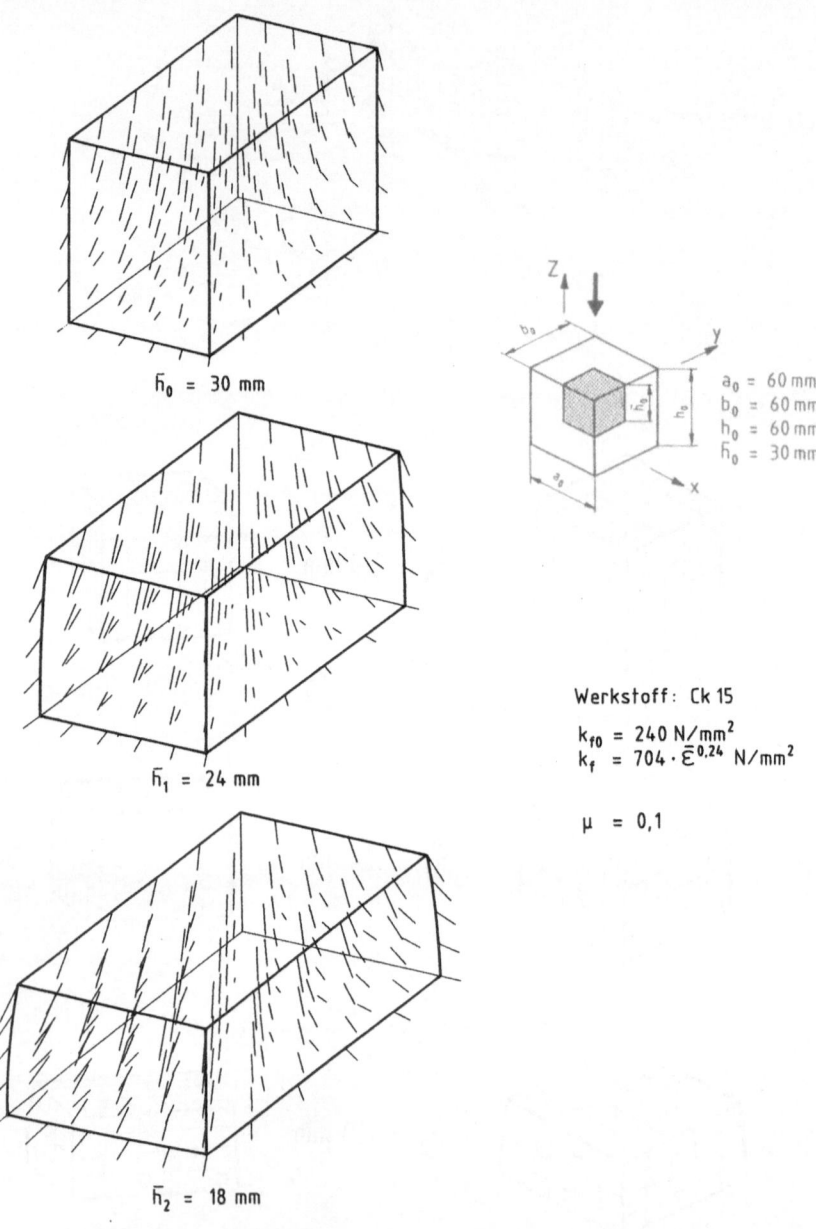

$\bar{h}_0 = 30$ mm

$a_0 = 60$ mm
$b_0 = 60$ mm
$h_0 = 60$ mm
$\bar{h}_0 = 30$ mm

$\bar{h}_1 = 24$ mm

Werkstoff: Ck 15

$k_{f0} = 240$ N/mm^2
$k_f = 704 \cdot \bar{\varepsilon}^{0.24}$ N/mm^2

$\mu = 0,1$

$\bar{h}_2 = 18$ mm

Bild 15: Stauchen eines Quaders:
Geschwindigkeitsfelder bei verschiedenen Stadien der Umformung.

Die für den Vorgang berechnete Umformkraft F ist in Bild 16 über dem
Stempelweg s aufgetragen (durchgezogene Linie). Der Stempelweg betrug
24 mm, da die Probe nach Bild 14 von einer Ausgangshöhe h_0 = 60 mm ($\overline{h}_0$ =
30 mm) auf eine Endhöhe h = 36 mm ($\overline{h}$ = 18 mm) gestaucht wurde. Die
anfänglich benötigte Kraft von ca. 875 kN steigt gegen Ende der Umformung
auf etwa 3875 kN an. Es ist anzumerken, daß die bei Raumtemperatur
ermittelte Fließspannung nur von der Vergleichsformänderung abhängt, d.h.
die im Kap. 6.1 angegebenen Werkstoffdaten für C und n werden in erster
Näherung als unabhängig von der Temperatur und der Vergleichsformänderungsgeschwindigkeit angenommen. Diese Annahme ist für das Kaltstauchen von
Stahl sicher gerechtfertigt, solange sich die Probe während der Umformung
nicht zu stark erwärmt. Dagegen kann eine solche Annahme beim Warmstauchen
eines Aluminiumquaders nicht mehr getroffen werden. Bild 17 verdeutlicht,
daß bei einem Aluminiumquader (Werkstoff: Al 99,5) mit einer Ausgangstemperatur von 350°C die Abhängigkeit der Fließspannung von der Temperatur und
der Vergleichsformänderungsgeschwindigkeit nicht mehr zu vernachlässigen
ist.

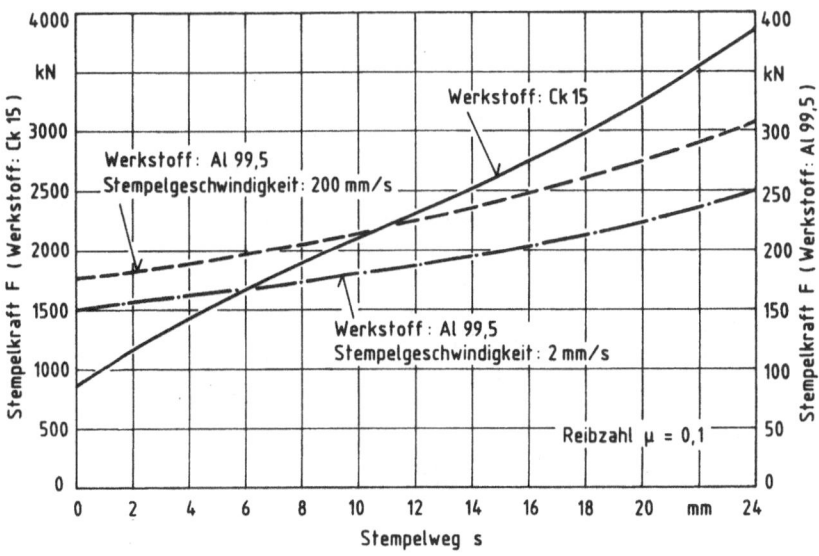

Bild 16: Kraft-Weg-Verläufe für die Werkstoffe Ck 15 und Al 99,5.

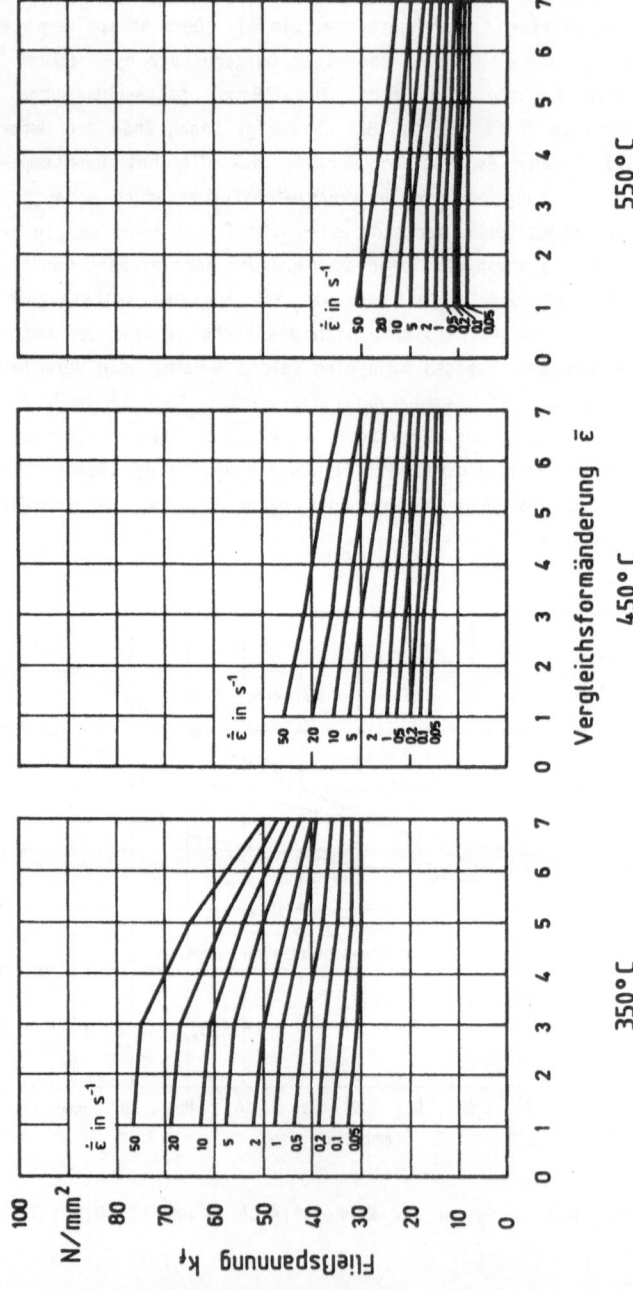

Bild 17: Fließkurven für Al 99,5, entnommen aus /110/.

Die von Dahlheimer /110/ in Bild 17 dargestellten Fließkurven mußten in eine mathematische Form gebracht werden, um bei numerischen Berechnungen verwendet werden zu können. Als Näherungsverfahren wurde in /110/ eine Ausgleichsrechnung nach dem Verfahren der kleinsten Fehlerquadrate durchgeführt. Die Fließspannung wurde durch ein Polynom der Form

$$k_f(\bar{\epsilon},\dot{\bar{\epsilon}},T) = 10 \sum_{i=1}^{4} \sum_{j=1}^{3} \sum_{k=1}^{3} K_{ijk} \ T^{k-1} \ \dot{\bar{\epsilon}}^{j-1} \ \bar{\epsilon}^{i-1} \tag{46}$$

angenähert. Die Koeffizienten K_{ijk} sind in Tabelle 2 aufgelistet und gelten in den Bereichen $350°C \leq T \leq 580°C$, $0,05 \leq \dot{\bar{\epsilon}} \leq 50$ sowie $0 \leq \bar{\epsilon} \leq 7$. Die Abweichungen zwischen experimentell ermittelten Verläufen der Fließspannung und den nach Gl.(46) berechneten Werten wurden von Dahlheimer als gering und vertretbar angesehen.

i	j	k = 1	k = 2	k = 3
	1	$1,7674 \cdot 10^{1}$	$-5,4420 \cdot 10^{-2}$	$4,4185 \cdot 10^{-5}$
1	2	$7,7026 \cdot 10^{-1}$	$-2,1550 \cdot 10^{-3}$	$1,7437 \cdot 10^{-6}$
	3	$-1,1653 \cdot 10^{-2}$	$3,4132 \cdot 10^{-5}$	$-2,8560 \cdot 10^{-8}$
	1	$4,9418 \cdot 10^{-1}$	$-2,1684 \cdot 10^{-3}$	$2,3252 \cdot 10^{-6}$
2	2	$1,3076 \cdot 10^{-1}$	$-5,4080 \cdot 10^{-4}$	$5,5257 \cdot 10^{-7}$
	3	$-1,5036 \cdot 10^{-3}$	$6.0980 \cdot 10^{-6}$	$-6,1185 \cdot 10^{-9}$
	1	$-1,7645 \cdot 10^{-1}$	$5,4829 \cdot 10^{-4}$	$-4,5236 \cdot 10^{-7}$
3	2	$-3,7917 \cdot 10^{-2}$	$1,5652 \cdot 10^{-4}$	$-1,6480 \cdot 10^{-7}$
	3	$4,7578 \cdot 10^{-4}$	$-1,9148 \cdot 10^{-6}$	$1,9668 \cdot 10^{-9}$
	1	$1,4750 \cdot 10^{-2}$	$-5,0021 \cdot 10^{-5}$	$4,5719 \cdot 10^{-8}$
4	2	$1,9601 \cdot 10^{-4}$	$-1,8305 \cdot 10^{-6}$	$3,1417 \cdot 10^{-9}$
	3	$-1,1151 \cdot 10^{-6}$	$1,3827 \cdot 10^{-8}$	$-2,5754 \cdot 10^{-11}$

Tabelle 2: Koeffizienten K_{ijk} für die Fließkurve von Al 99,5, entnommen aus /110/.

In Bild 16 sind zwei unterschiedliche Kraft-Weg-Verläufe für das Stauchen
des Aluminiumquaders eingezeichnet. Die Geometrie der Probe, die Diskretisierung und der Stempelweg entsprechen der Ck 15-Probe nach Bild 14. Die
konstanten Stempelgeschwindigkeiten wurden zu 2 mm/s (strichpunktierte
Linie) und zu 200 mm/s (gestrichelte Linie) gewählt. Der Vorgang wurde als
adiabat betrachtet, d.h. der Wärmeaustausch mit der Umgebung wurde
vernachlässigt. Darauf wird in Abschnitt 6.6 noch detaillierter eingegangen. Am Ende der Umformung ergaben sich Stempelkräfte von 250 kN (2 mm/s)
und 305 kN (200 mm/s). Dies entspricht einer Differenz von ca. 18 %.
Bild 17 verdeutlicht das Anwachsen der Fließspannungen bei höheren
Vergleichsformänderungsgeschwindigkeiten. Diese resultieren wiederum aus
einer Erhöhung der Stempelgeschwindigkeit. Daher müssen letztlich auch die
erforderlichen Stempelkräfte für eine Umformung mit einer Stempelgeschwindigkeit von 200 mm/s höher als diejenigen bei 2 mm/s sein.

6.4 VERGLEICHSFORMÄNDERUNGEN, VERGLEICHSFORMÄNDERUNGS -
GESCHWINDIGKEITEN UND SPANNUNGEN

Im folgenden sollen die örtlichen Verteilungen der einzelnen Spannungskomponenten, Vergleichsformänderungen und Vergleichsformänderungsgeschwindigkeiten behandelt werden. In Analogie zum vorangegangenen Kap. 6.3 werden
die Vorgänge Kaltstauchen von Stahl Ck 15 und Warmstauchen von Aluminium
Al 99,5 betrachtet. Die Reibzahl wird wieder mit $\mu = 0,1$ angenommen.

Die Verläufe der örtlichen Vergleichsformänderungen $\bar{\epsilon}$ und der v. Misses-
schen Vergleichsspannungen $\bar{\sigma}$ des bei Raumtemperatur gestauchten Stahlquaders werden in Bild 18 gezeigt. Die Darstellung erfolgt auf der Werkstückoberfläche mittels Linien konstanter Spannung bzw. konstanter Vergleichsformänderung. Für die Höhe $\bar{h}_1 = 24$ mm ergeben sich geringe örtliche
Vergleichsformänderungen von 0,15 in der Probenmitte (Oberseite), die zum
Rand hin auf 0,25 ansteigen und zur seitlichen Mitte der Probe wieder auf
0,2 abfallen. Dies bedeutet, daß die größte Umformung im Randbereich
stattfindet. Die gleiche Tendenz ist auch für das untere linke Teilbild
festzustellen ($\bar{h}_2 = 18$ mm). Die örtliche Vergleichsformänderung steigt von
0,4 (obere Probenmitte) auf 0,6 am Rand der Probe und fällt wieder auf 0,45
ab (seitliche Probenmitte). Im homogenen, reibungsfreien Fall würden sich
Vergleichsumformgrade

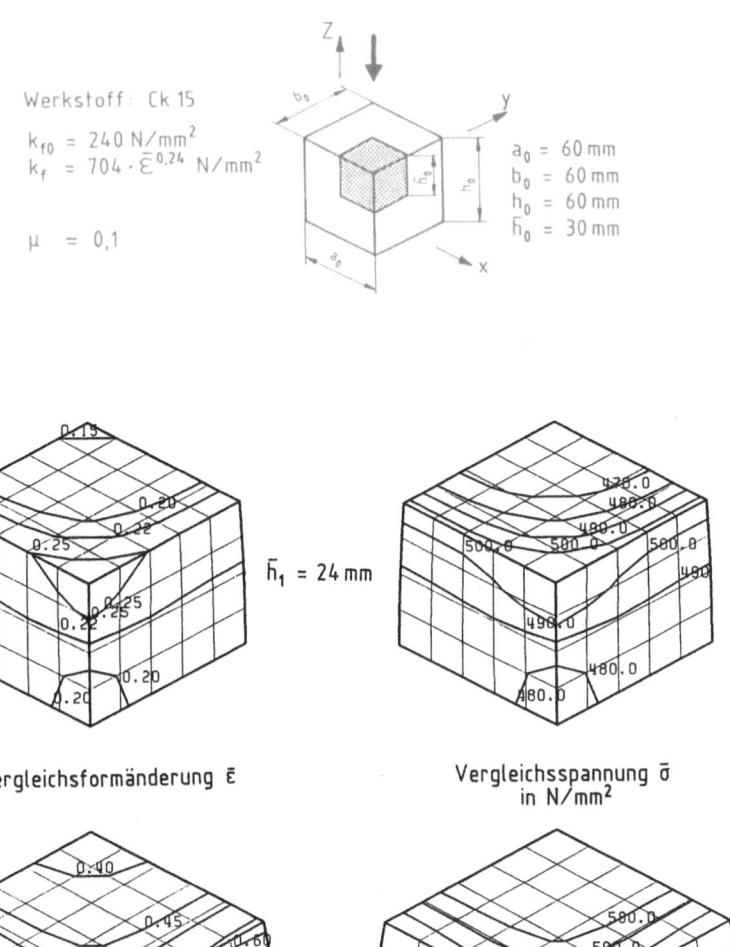

Bild 18: Vergleichsformänderungen und Vergleichsspannungen
(Werkstoff: Ck 15).

$$\bar{\varphi}_1 = \ln(\bar{h}_0/\bar{h}_1) \qquad (47a)$$

bzw. $\qquad \bar{\varphi}_2 = \ln(\bar{h}_0/\bar{h}_2) \qquad (47b)$

von $\bar{\varphi}_1 = 0,22$ und $\bar{\varphi}_2 = 0,51$ ergeben. Die in Bild 18 dargestellte Verteilung der Vergleichsformänderung $\bar{\varepsilon}$ zeigt, daß im oberen und seitlichen Mittenbereich der Probe $\bar{\varepsilon} < \bar{\varphi}$ ist, während im Randbereich $\bar{\varepsilon} > \bar{\varphi}$ ist. Da die Vergleichsspannung bei einer Kaltumformung über die Fließkurve nur von der Vergleichsformänderung abhängt, muß sich auch hier die gleiche Tendenz ergeben. Für $\bar{h}_2 = 18$ mm treten am Rand der Probe Vergleichsspannungen von 610 N/mm², im oberen und seitlichen Mittenbereich von 580 N/mm² auf.

In Bild 19 ist die während der Umformung auftretende Vergleichsformänderungsinkrementeverteilung $\dot{\bar{\varepsilon}} \cdot \Delta t$ aufgetragen. Die Vergleichsformänderungsgeschwindigkeiten ergeben sich bei Division durch den Zeitschritt Δt unmittelbar aus den Inkrementen. Die Darstellung mittels Isolinien erfolgt wieder im Bereich der Werkstückoberfläche. Gezeigt werden fünf Umformstufen im Abstand $\Delta \bar{h} = 3$ mm. Es ist eine tendenzielle Übereinstimmung zu den Vergleichsformänderungs- bzw. Vergleichsspannungsverteilungen festzustellen. Dies bedeutet, daß im Bereich der oberen und seitlichen Mittenfläche kleinere Werte auftreten als am Rand. Zu Beginn der Umformung (Ausgangshöhe $\bar{h}_0 = 30$ mm) treten am Probenrand (vordere Spitze) Vergleichsformänderungsgeschwindigkeiten von 0,043 1/s, im Bereich der mittleren Oberfläche lediglich 0,023 1/s und im seitlichen Mittenbereich 0,030 1/s auf. Es ist deutlich zu erkennen, daß die Vergleichsformänderungsgeschwindigkeiten im Verlauf der Umformung größere Werte annehmen. Für die Endhöhe $\bar{h} = 18$ mm ergeben sich beispielsweise Werte von 0,045 1/s (oberer und seitlicher Mittenbereich) sowie 0,07...0,08 1/s am seitlichen Rand.

Bild 20 zeigt die örtlichen Vergleichsformänderungen, die Vergleichsformänderungsinkremente und die v. Misesschen Vergleichsspannungen in der Schnittebene C. Für $\bar{h}_2 = 18$ mm treten die größten örtlichen Vergleichsformänderungen $\bar{\varepsilon} = 0,59$ im Kern- und Randbereich auf. In der oberen Probenmitte ist $\bar{\varepsilon} = 0,4$ und im Bereich der Seitenmitte ist $\bar{\varepsilon} = 0,45$. Die größte Umformung findet also in einer Zone statt, die sich vom rechten oberen Rand in den Kern erstreckt. Dies deutet auf die typische X-förmige

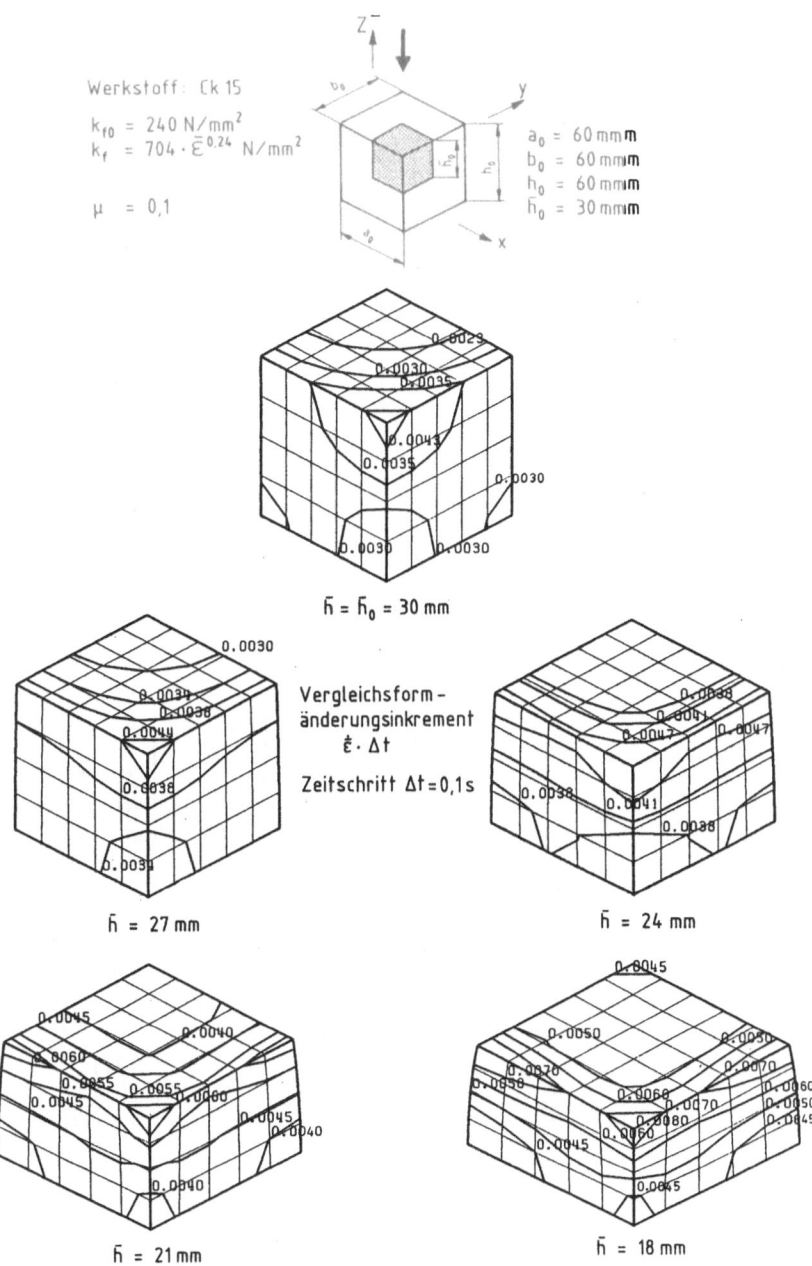

Bild 19: Vergleichsformänderungsinkremente (Werkstoff: Ck 15).

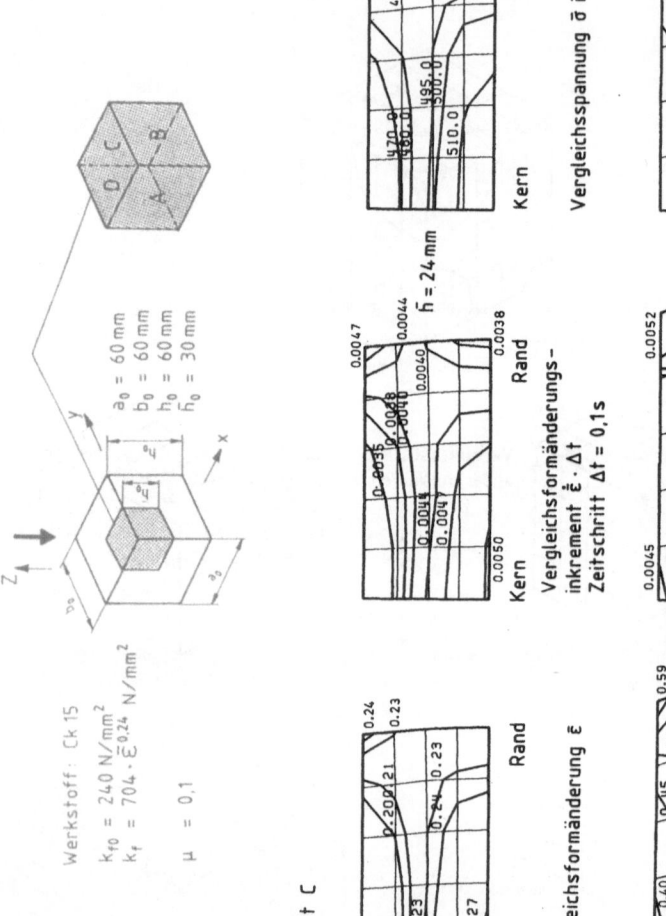

Bild 20: Vergleichsformänderungen, Vergleichsformänderungsinkremente und Vergleichsspannungen in der Schnittebene C (Werkstoff: Ck 15).

Ausbildung der Umformzone unterhalb des Stempels (Schmiedekreuz). Für die
Vergleichsformänderungsinkremente und die Vergleichsspannungen ergeben sich
ähnliche Tendenzen.

In Bild 21 wird der Verlauf der Normalspannungen auf der Werkstückoberfläche dargestellt. Die Spannungen σ_{xx} und σ_{yy} zeigen keine ausgeprägte
Tendenz und sind von geringer Größenordnung. Die Spannungen σ_{xx} links von
der Diagonale entsprechen aus Symmetriegründen den Spannungen σ_{yy} rechts
der Diagonale und umgekehrt. Dies folgt aus der Wahl des Koordinatensy-
stems. Bemerkenswert für die Spannungsverteilung σ_{zz} ($\bar{h}$ = 18 mm) auf der
Stirnfläche sind die auftretenden Spannungsspitzen im Bereich der oberen
Probenmitte und am Rand in Höhe von - 700 N/mm². Von Lange /109/ wird auf
experimentelle Untersuchungen hingewiesen, bei denen ebenfalls Spannungsspitzen am Rand und in Probenmitte ermittelt wurden. Es handelt sich um
Untersuchungen beim Kaltstauchen ungeschmierter axialsymmetrischer Proben
mit Durchmesser- zu Höhe-Verhältnissen von 0,5 $\leq d_o/h_o \leq$ 2,0. Das Problem
der Verteilung der Normalspannung σ_{zz} an der Stirnfläche in Abhängigkeit
von Probengeometrie und Reibzahl wird in Abschnitt 6.5 nochmals aufgegrif-
fen.

Bild 22 zeigt die Schubspannungsverteilung an der Werkstückoberfläche für
eine augenblickliche Höhe $\bar{h}$ = 24 mm. An der Probenstirnfläche ergeben sich
maximale Schubspannungen σ_{yz} und σ_{xz} von 50 N/mm² bzw. - 50 N/mm². Hierzu
sei bemerkt, daß bei einer Erhöhung der Reibzahl von μ = 0,1 auf μ = 0,4
die Maximalwerte von σ_{yz} (σ_{xz}) deutlich auf etwa 220 N/mm² (- 220 N/mm²)
anstiegen. Die Schubspannungen σ_{yz} links der Diagonale entsprechen aus
Gründen der Symmetrie den Schubspannungen σ_{xz} rechts der Diagonale mit
verändertem Vorzeichen und umgekehrt. Die Spannungen σ_{xy} sind von
vernachlässigbarer Größenordnung. Die Spannungsrandbedingung, die besagt,
daß die Schubspannungen entlang den Symmetrielinien Null sein müssen, wird
mit dem verwendeten Modell erwartungsgemäß nicht exakt, aber doch
näherungsweise eingehalten.

In Bild 23 sind die Oberflächenkonturen beim Warmstauchen des Aluminiumquaders für die Endhöhe $\bar{h}$ = 18 mm dargestellt. Die Stempelgeschwindigkeiten
wurden als konstant zu 2 mm/s und 200 mm/s angenommen. Ferner sind die
Vergleichsformänderungsgeschwindigkeitsverteilung $\dot{\bar{\varepsilon}}$ und die Spannungsverteilung σ_{zz} für die beiden unterschiedlichen Geschwindigkeiten aufgetragen. Vorausgesetzt wurde ein adiabater Vorgang mit einer Werkstückan-

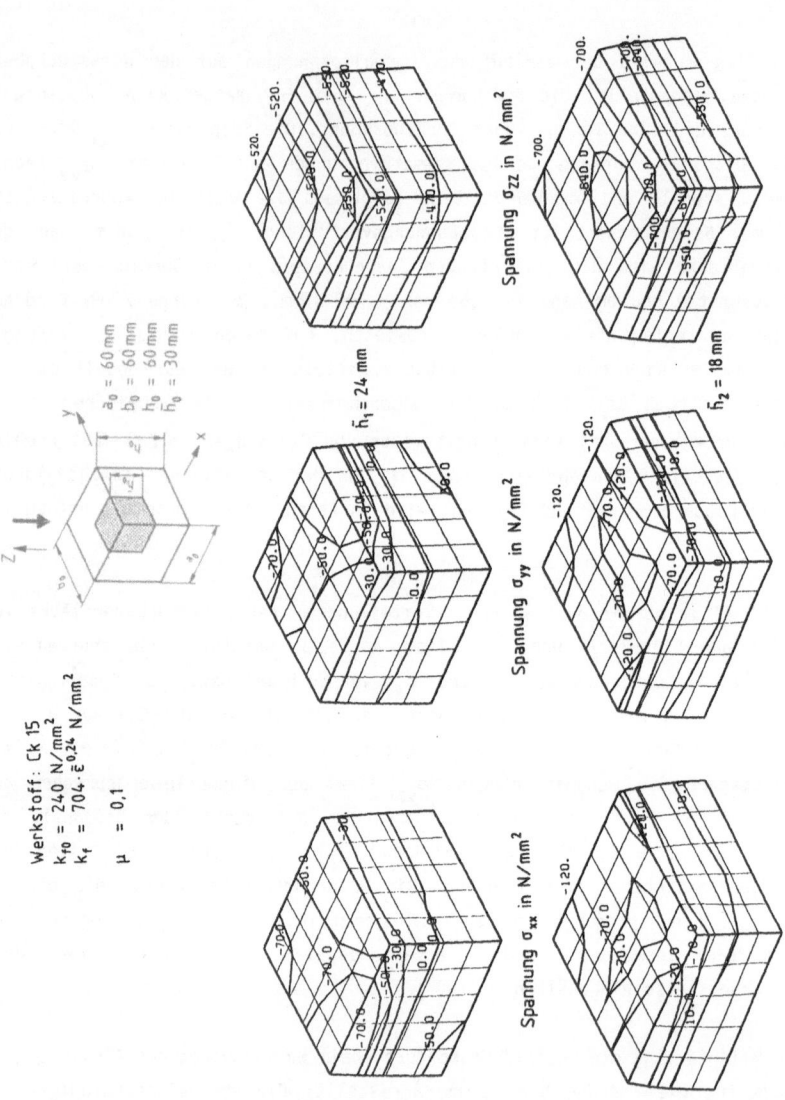

Bild 21: Normalspannungen (Werkstoff: Ck 15).

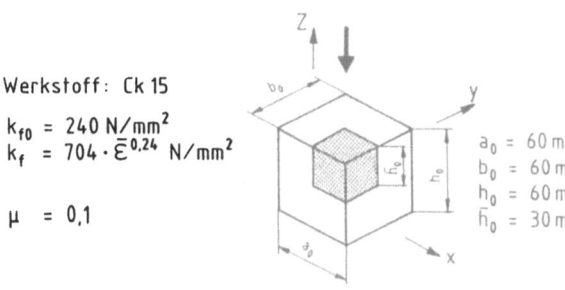

Werkstoff: Ck 15

$k_{f0} = 240 \ N/mm^2$
$k_f = 704 \cdot \overline{\epsilon}^{0,24} \ N/mm^2$

$\mu = 0,1$

$a_0 = 60 \ m$
$b_0 = 60 \ m$
$h_0 = 60 \ m$
$\overline{h}_0 = 30 \ m$

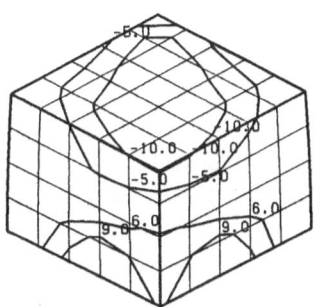

Spannung σ_{xy} in N/mm^2

$\overline{h}_1 = 24 \ mm$

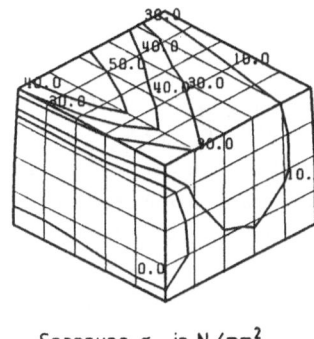

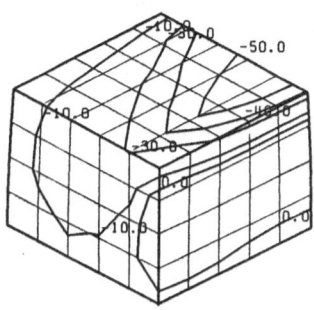

Spannung σ_{yz} in N/mm^2

Spannung σ_{xz} in N/mm^2

Bild 22: Schubspannungen (Werkstoff: Ck 15).

fangstemperatur von 350°C (siehe Abschnitt 6.3). Der Verlauf der Fließkurven ist Bild 17 zu entnehmen. Wegen der in Bild 23 angegebenen Kenndaten zur Temperaturfeldberechnung (Dichte ρ, spez. Wärmekapazität c, Wärmeleitzahl k, Anteil der in Wärme umgewandelten Verformungsenergie η) sei auf Abschnitt 6.6 verwiesen. Die Vergleichsformänderungsgeschwindigkeiten sind bei der Stempelgeschwindigkeit v_{St} = 200 mm/s etwa um den Faktor 100 größer als bei v_{St} = 2 mm/s. Ansonsten ergibt sich eine ähnliche Verteilung. Auf der Probenstirnfläche ergeben sich in der Mitte Werte um 0,046 1/s (4,6 1/s) und am Rand ca. 0,007 1/s (7,0 1/s). Zur seitlichen Probenmitte sinken die Werte auf 0,046 1/s (4,6 1/s) ab. Bei der Normalspannungsverteilung ergeben sich im Bereich der Probenstirnfläche Spannungsspitzen in der Mitte und am Rand (siehe Kap. 6.5) in Höhe von - 45 N/mm² (v_{St} = 2 mm/s) sowie - 55 N/mm² (v_{St} = 200 mm/s). Die Tendenz entspricht also derjenigen nach Bild 21 beim Kaltstauchen des Stahlquaders.

Der Vergleich der Vergleichsformänderungen $\bar{\varepsilon}$ (Bild 24) zeigt für die beiden Vorgänge mit unterschiedlicher Stempelgeschwindigkeit nur geringfügige Unterschiede. Es ergeben sich Werte von 0,36 in der Mitte, zum Rand auf 0,65 ansteigend und zur seitlichen Probenmitte wieder auf 0,4 abfallend. Ein Vergleich mit der Kaltumformung des Stahlquaders (Bild 18) deutet auf eine inhomogenere Umformung beim Warmstauchen von Aluminium Al 99,5. Bei Stahl nehmen die Vergleichsformänderungen an der Probenstirnfläche Werte im Bereich 0,4...0,6 an, im Gegensatz zu 0,36..0,65 bei Aluminium. Für den Vorgang mit v_{St} = 2 mm/s ergeben sich fast konstante Vergleichsspannungen $\bar{\sigma}$ von ca. 39 N/mm². Die Vergleichsformänderungsverteilung auf der Stirnfläche ($\bar{\varepsilon}_{Rand} > \bar{\varepsilon}_{Mitte}$) hätte nach Bild 17 kleinere Vergleichsspannungen am Rand zur Folge ($k_{fRand} < k_{fMitte}$). Für die Vergleichsformänderungsgeschwindigkeiten gilt ebenfalls $\dot{\bar{\varepsilon}}_{Rand} > \dot{\bar{\varepsilon}}_{Mitte}$. Nach Bild 17 ergeben sich daraus aber größere Vergleichsspannungen am Rand als in der Mitte ($k_{fRand} > k_{fMitte}$). Der Einfluß der Vergleichsformänderungsgeschwindigkeiten auf die Vergleichsspannungen ist also gegensätzlich dem der Vergleichsformänderungen. In diesem Fall heben sich die beiden entgegengesetzten Einflüsse gerade auf, und es ergibt sich eine fast konstante Vergleichsspannungsverteilung. Es sei kurz vorweggenommen, daß für $\bar{h}$ = 18 mm eine konstante Temperaturverteilung (T = 356,7°C) resultiert (siehe Kap. 6.6). Daher wirkt sich der Einfluß der Temperatur überall gleich auf die Vergleichsspannungen aus. Für die Umformung mit v_{St} = 200 mm/s ergeben sich auf der Stirnfläche Werte zwischen 47,5 N/mm² (Mitte) und 50 N/mm² (Rand). Die im Vergleich zur langsam ablaufenden Umformung höheren

- 81 -

Werkstoff: Al 99,5

$\mu = 0,1$
$\rho = 2,71\,kg/dm^3$
$c = 1,06\,kJ/(kg\cdot K)$
$k = 210\,W/(m\cdot K)$
$\eta = 0,95$
$T_0 = 350°C$

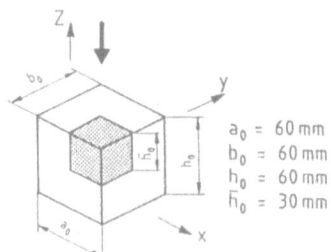

$a_0 = 60\,mm$
$b_0 = 60\,mm$
$h_0 = 60\,mm$
$\bar{h}_0 = 30\,mm$

Stempelgeschwindigkeit
$v_{St} = 2\,mm/s$

$\bar{h} = 18\,mm$

Stempelgeschwindigkeit
$v_{St} = 200\,mm/s$

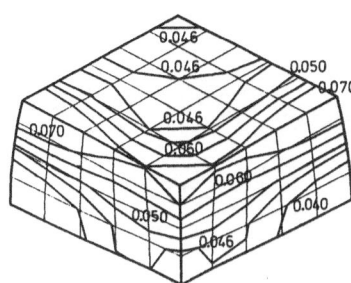

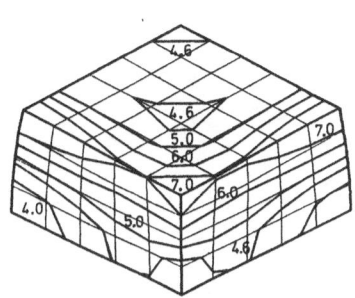

Vergleichsformänderungsgeschwindigkeit $\dot{\varepsilon}$ in 1/s

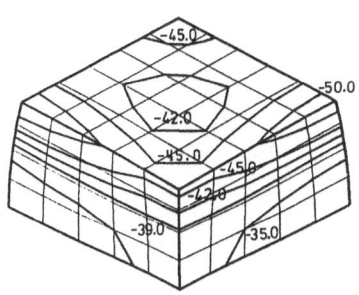

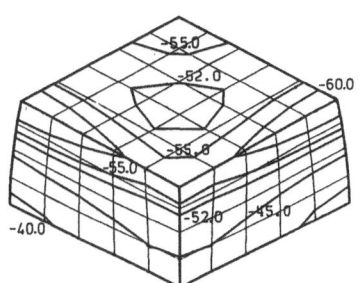

Spannung σ_{zz} in N/mm^2

Bild 23: Vergleichsformänderungsgeschwindigkeiten und Normalspannungen σ_{zz}
(Werkstoff: Al 99,5).

Werkstoff: Al 99,5

$\mu = 0,1$
$\rho = 2,71 \, kg/dm^3$
$c = 1,06 \, kJ/(kg \cdot K)$
$k = 210 \, W/(m \cdot K)$
$\eta = 0,95$
$T_0 = 350 \, °C$

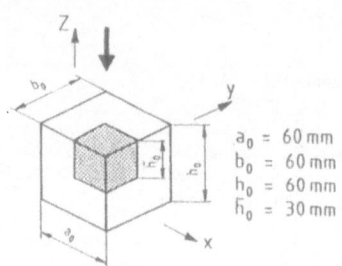

$a_0 = 60 \, mm$
$b_0 = 60 \, mm$
$h_0 = 60 \, mm$
$\bar{h}_0 = 30 \, mm$

Stempelgeschwindigkeit
$v_{St} = 2 \, mm/s$

Stempelgeschwindigkeit
$v_{St} = 200 \, mm/s$

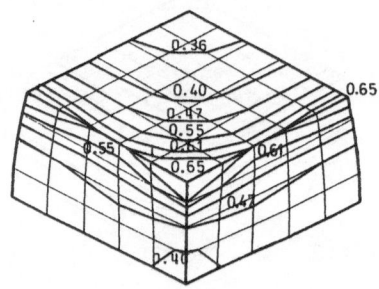

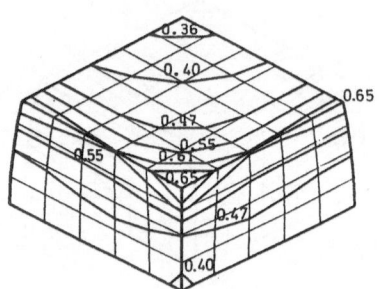

Vergleichsformänderung $\bar{\varepsilon}$

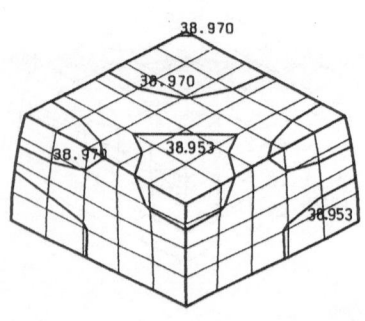

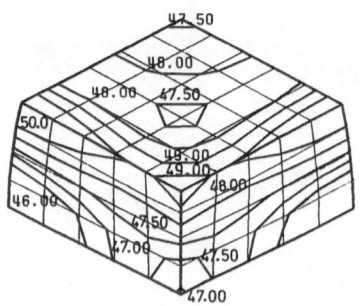

Vergleichsspannung $\bar{\sigma}$ in N/mm^2

Bild 24: Vergleichsformänderungen und Vergleichsspannungen
(Werkstoff: Al 99,5).

Vergleichsspannungen resultieren in erster Linie aus den sehr viel höheren Vergleichsformänderungsgeschwindigkeiten (siehe Bilder 17 und 23). Die unterschiedlichen örtlichen Vergleichsspannungen (Stirnfläche) gehen in erster Linie auf die Verteilung der Vergleichsformänderungsgeschwindigkeiten $(4,6 < \dot{\bar{\varepsilon}} < 7,0)$ zurück. Die Einflüsse der Vergleichsformänderungen $(0,36 < \bar{\varepsilon} < 0,65)$ und Temperaturen $(356°C < T < 360°C$; siehe Kap. 6.6) auf die Unterschiede in der örtlichen Vergleichsspannungsverteilung wirken sich demgegenüber geringer aus.

Bild 25 zeigt die örtliche Verteilung der Vergleichsformänderungen, der Vergleichsformänderungsgeschwindigkeiten und der Vergleichsspannungen in der Schnittebene C. Betrachtet wird die Endhöhe $\bar{h}$ = 18 mm für v_{St} = 2 mm/s und v_{St} = 200 mm/s. Die beiden Vorgänge unterscheiden sich nur leicht in der Vergleichsformänderungsverteilung. Die größten Vergleichsformänderungen treten längs der Diagonale Kern-Rand auf. Ähnlich wie beim Stauchen des Stahlquaders (Bild 20) deutet die X-förmige Ausbildung der Umformzone unterhalb des Stempels auf das typische Schmiedekreuz. Im Kern und am oberen Rand tritt für v_{St} = 2 mm/s ($\bar{\varepsilon}$ = 0,65) ein etwas höherer Wert auf als für v_{St} = 200 mm/s ($\bar{\varepsilon}$ = 0,61). Die örtlich auftretenden Vergleichsspannungen bei langsamer Stempelgeschwindigkeit weichen kaum voneinander ab ($\bar{\sigma} \approx 39$ N/mm²). Bei hoher Stempelgeschwindigkeit treten im Kern Vergleichsspannungen von ca. 49 N/mm² und im Bereich der Seitenmitte von 47 N/mm² auf. Auf der Probenstirnfläche ergeben sich Werte von 48 N/mm² in der Mitte und 50 N/mm² am Rand. Im Gegensatz zum Vorgang mit geringer Stempelgeschwindigkeit verfestigt der Werkstoff im Randbereich stärker als in der Mitte. Demzufolge ist der Widerstand gegen die Formänderung am Rand höher. Dies führt zu den etwas geringeren Vergleichsformänderungen von $\bar{\varepsilon}_{Rand}$ = 0,61 (v_{St} = 200 mm/s) gegenüber $\bar{\varepsilon}_{Rand}$ = 0,65 (v_{St} = 2 mm/s). Die größten Vergleichsformänderungsgeschwindigkeiten $\dot{\bar{\varepsilon}}$ = 0,07 1/s (v_{St} = 2 mm/s) bzw. $\dot{\bar{\varepsilon}}$ = 70 1/s (v_{St} = 200 mm/s) treten am oberen Rand auf. Im Kern ergeben sich Werte $\dot{\bar{\varepsilon}}$ = 0,06 1/s sowie $\dot{\bar{\varepsilon}}$ = 6,0 1/s. Die Vergleichsformänderungsgeschwindigkeiten nehmen in der Stirnflächenmitte geringere Werte von 0,05 1/s (5,0 1/s) und im Bereich der Seitenmitte von 0,04 1/s (4,0 1/s) an.

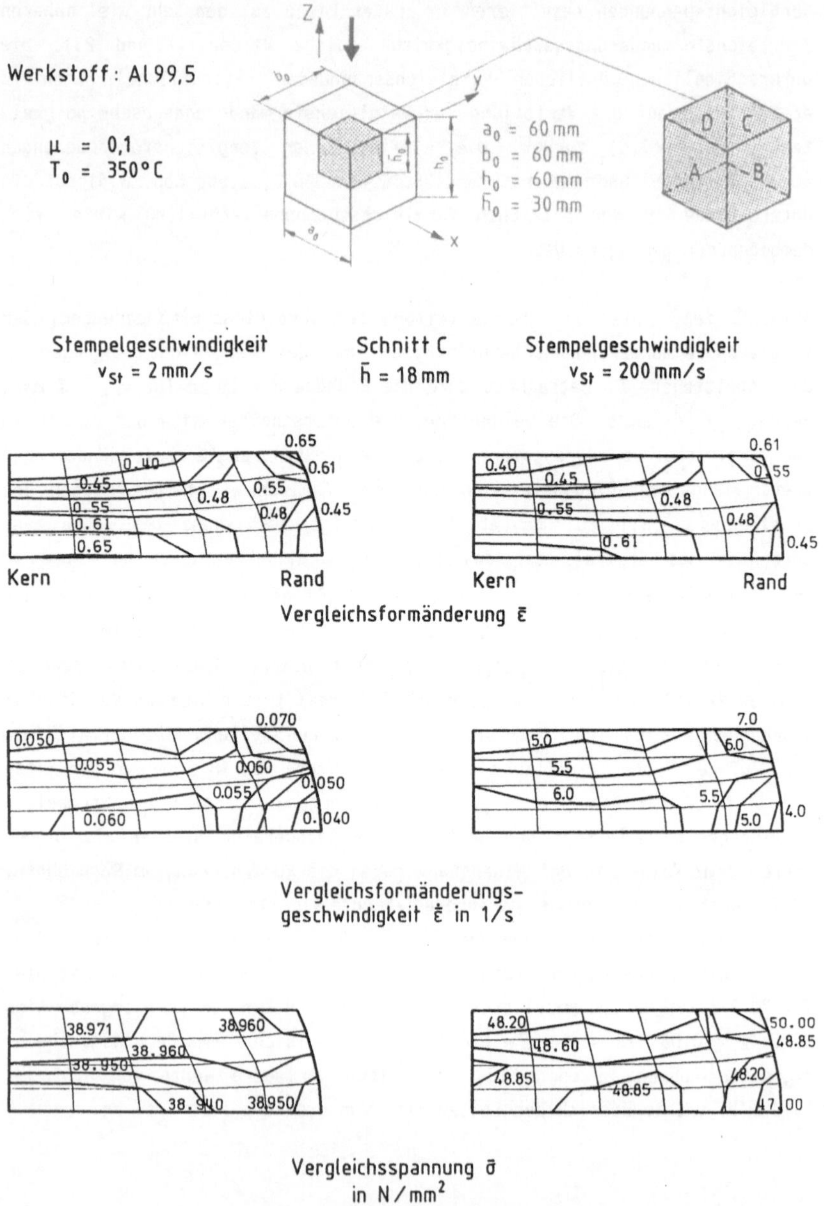

Werkstoff: Al 99,5

$\mu = 0,1$
$T_0 = 350\,°C$

$a_0 = 60\,mm$
$b_0 = 60\,mm$
$h_0 = 60\,mm$
$\bar{h}_0 = 30\,mm$

Stempelgeschwindigkeit $v_{St} = 2\,mm/s$	Schnitt C $\bar{h} = 18\,mm$	Stempelgeschwindigkeit $v_{St} = 200\,mm/s$

0.65
0.40
0.45
0.55 0.61
0.55 0.48 0.55
0.61 0.48 0.45
0.65

Kern　　　　　Rand

0.61
0.40
0.45 0.55
0.55 0.48
0.61 0.48
0.45

Kern　　　　　Rand

Vergleichsformänderung $\bar{\varepsilon}$

0.070
0.050
0.055 0.060
0.055 0.050
0.060 0.040

7.0
5.0 6.0
5.5
6.0 5.5
5.0 4.0

Vergleichsformänderungs-
geschwindigkeit $\dot{\bar{\varepsilon}}$ in $1/s$

38.971　38.960
38.960
38.950
38.940 38.950

48.20 50.00
48.60 48.85
48.85 48.20
48.85 47.00

Vergleichsspannung $\bar{\sigma}$
in N/mm^2

Bild 25: Vergleichsformänderungen, Vergleichsformänderungsgeschwindigkeiten
und Vergleichsspannungen in der Schnittebene C (Werkstoff: Al 99,5).

6.5 VERTEILUNG DER NORMALSPANNUNGEN IN STAUCHRICHTUNG AN DER PROBENSTIRNFLÄCHE

Der Normalspannungsverlauf σ_{zz} an den Probenstirnflächen ist von der Probengeometrie und dem Reibzustand abhängig. In /109/ werden experimentelle Untersuchungsergebnisse zur Normalspannungsverteilung während des Stauchens von Zylinderproben beschrieben. Beim Kaltstauchen ungeschmierter Proben aus Aluminium, Kupfer, Messing und Stahl wurde für ein Verhältnis Ausgangsdurchmesser zu Ausgangshöhe $d_o/h_o > 3$ eine glockenförmige Normalspannungsverteilung gemessen. Für Verhältnisse $0,5 \leq d_o/h_o \leq 2,0$ wurde dagegen eine Normalspannungsverteilung mit Spannungsspitzen am Rand und in Probenmitte ermittelt. Dies entspricht tendenziell den zuvor beschriebenen σ_{zz}-Verläufen bei einem Quader (Bilder 21 und 23) für geometrisch ähnliche Verhältnisse (Kantenlänge a_o/Höhe h_o = 1). Beim Warmstauchen von Proben aus Stahl (d_o/h_o = 0,67) ergab sich eine Parabel mit einem Kleinstwert in Probenmitte /109/. Mit fortschreitender Stauchung kehrte sich dieser Spannungsverlauf um, die Randspannungen sanken und die Spannungen in der Mitte wurden größer.

Zur Bestimmung der Umformkraft sind die Normalspannungen σ_{zz} über die Probenstirnfläche zu integrieren. Dazu ist die Kenntnis des Normalspannungsverlaufes σ_{zz} erforderlich. In diesem Abschnitt werden daher numerisch ermittelte Verläufe der Normalspannungen σ_{zz} (Probenstirnfläche) beim Stauchen zweier Quader (Werkstoff: Ck 15) gezeigt und diskutiert. Die Ausgangsgeometrien wurden für Probe 1 zu 60 mm * 60 mm * 60 mm (siehe Abschnitte 6.3 und 6.4) und für Probe 2 zu 60 mm * 60 mm * 24 mm gewählt. Die Verhältnisse der Ausgangskantenlängen zu den Ausgangshöhen ergaben sich dementsprechend zu a_o/h_o = 1 (Probe 1) sowie a_o/h_o = 2,5 (Probe 2). Die Reibungsverhältnisse wurden während des Stauchvorgangs durch die Einführung unterschiedlicher Coulombscher Reibzahlen (μ = 0,01, 0,1 und 0,4) verändert. Bild 26 zeigt die Verläufe der Spannung σ_{zz} über die im Bild gekennzeichnete mittlere Kante (Stirnfläche) mit der Kantenlänge s_o = 30 mm für die Probe 1. Das Werkstück wurde von der Ausgangshöhe h_o = 60 mm auf h = 36 mm gestaucht. Die Normalspannungskurven sind in drei Teilbildern für die unterschiedlichen Reibzahlen aufgetragen. Der Spannungsverlauf wird jeweils für die Anfangshöhe h_o = 60 mm (durchgezogene Linie), die Endhöhe h = 36 mm (gestrichelte Linie) und die Zwischenhöhe h = 48 mm (strichpunktierte Linie) betrachtet. Die Spannungsverläufe der Probe 2 werden in

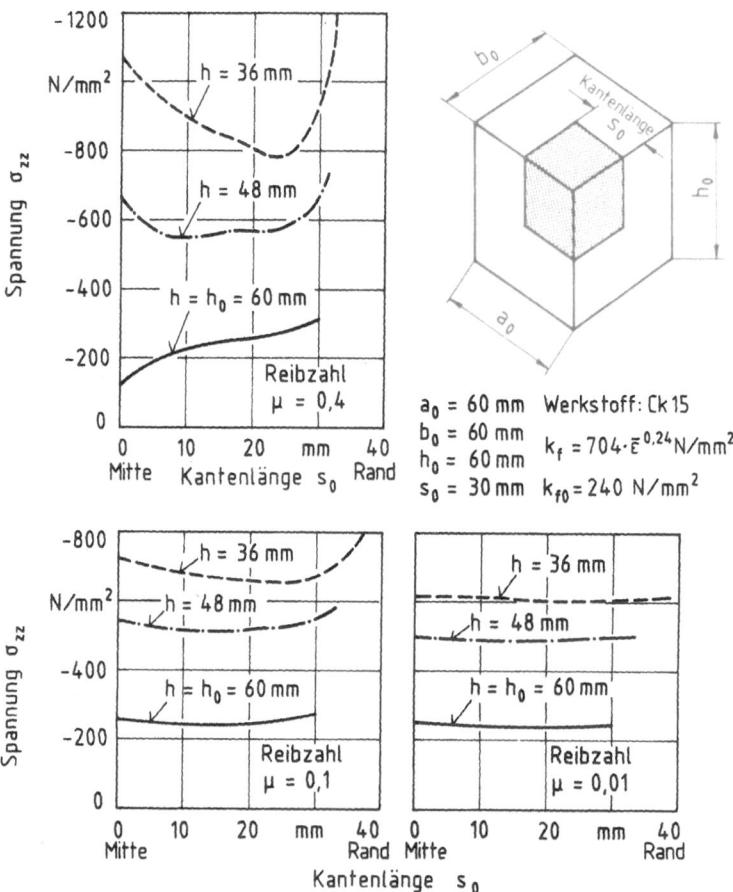

Bild 26: Verlauf der Normalspannungen σ_{zz} an der Stirnfläche
(Ausgangshöhe: 60 mm).

Bild 27 gezeigt. Die flachere Probe 2 wurde von der Ausgangshöhe h_o = 24 mm
auf die Endhöhe h = 14 mm gestaucht. Die Normalspannungsverteilungen werden
in diesem Fall für die augenblicklichen Höhen h = h_o = 24 mm (durchgezogene
Linie), h = 19 mm (strichpunktierte Linie) und die Endhöhe h = 14 mm
(gestrichelte Linie) betrachtet.

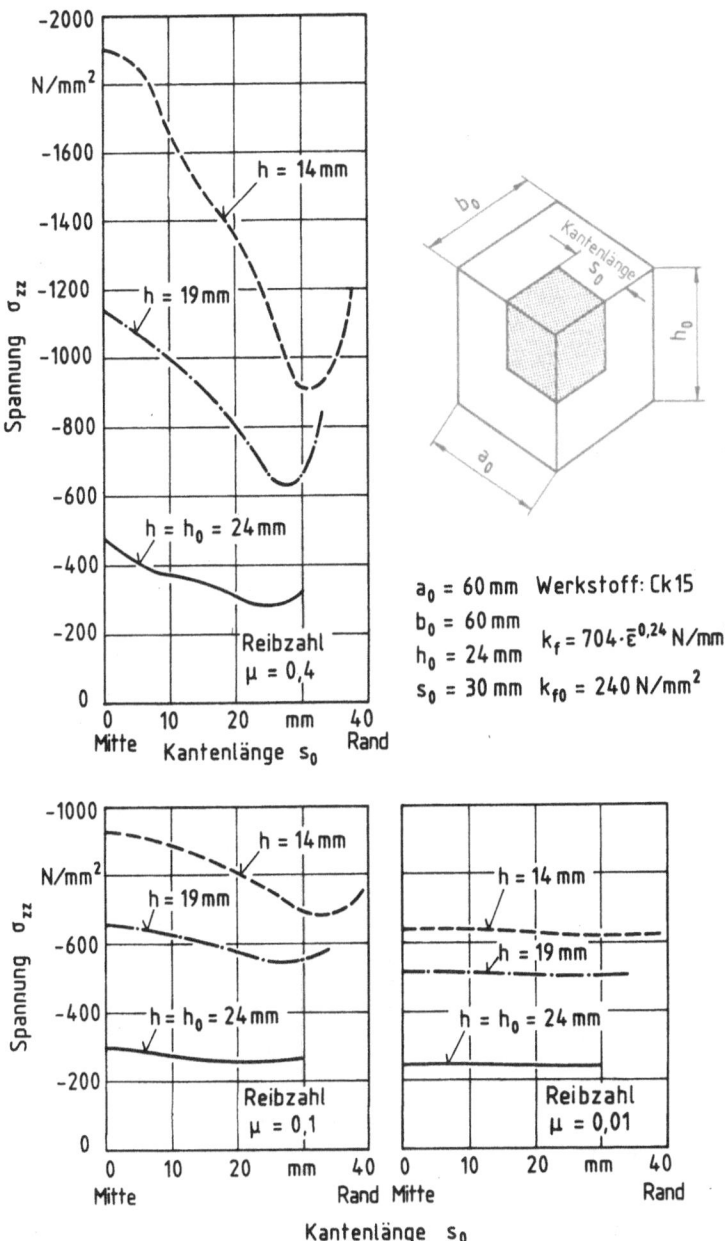

Bild 27: Verlauf der Normalspannungen σ_{zz} an der Stirnfläche (Ausgangshöhe: 24 mm).

Für beide Probengeometrien ergeben sich für den nahezu reibungsfreien
Vorgang ($\mu = 0,01$) nach den Bildern 26 und 27 erwartungsgemäß nahezu
konstante σ_{zz}-Verläufe. Es fällt auf, daß sich für die flache Probe 2
(Bild 27; $a_0/h_0 = 2,5$) in der Mitte ein absolutes Maximum bildet, welches
für $\mu = 0,1$ und $\mu = 0,4$ deutlich höher als das Submaximum am Rand liegt. Es
ergibt sich eine glockenförmige Verteilung, welche auch in /109/ für
Zylinderproben mit $d_0/h_0 > 3$ festgestellt wurde (siehe oben). Im Gegensatz
dazu tritt für Probe 1 (Bild 26; $a_0/h_0 = 1$) das absolute Maximum am Rand
auf ($\mu = 0,1$ und $0,4$). In der Mitte bildet sich ein etwas geringeres
Submaximum. Eine Ausnahme stellt der Spannungsverlauf für $\mu = 0,4$ und $h_0 =$
60 mm dar, wo sich in der Mitte eine minimale Spannung ergibt. Die Tendenz
stimmt mit den experimentellen Untersuchungen an Zylinderproben ($0,5 \leq d_0/h_0$
$\leq 2,0$) nach /109/ überein.

Eine Erklärung für die Verschiebung des Submaximums in der Mitte (Bild 26;
Probe 1) zum absoluten Maximum bei einem flacheren Werkstück (Bild 27;
Probe 2) liefert Bild 28. In diesem Bild ist das Verhältnis der mittleren
Spannung in Probenmitte ($\sigma_m)_{Mitte}$ zu der mittleren Spannung am Probenrand
($\sigma_m)_{Rand}$ über dem Stempelweg s aufgetragen. Bei Probe 1 (Probe 2) war der
Stempelweg 24 mm (10 mm) für die Stauchung von $h_0 = 60$ mm ($h_0 = 24$ mm) auf
$h = 36$ mm ($h = 14$ mm). In Bild 28 sind die Kurvenverläufe von Probe 1
(durchgezogene Linien) und Probe 2 (gestrichelte Linien) für die drei
unterschiedlichen Reibzahlen aufgetragen. Für $\mu = 0,1$ und $0,4$ liegen die
Kurven von Probe 2 oberhalb denjenigen von Probe 1. Bei der flacheren Probe
ergeben sich demzufolge höhere mittlere Spannungen in Probenmitte im
Verhältnis zu denen am Rand. Die Erläuterung kann mit Hilfe · des
Fließwiderstandes erfolgen: Die flache Probe besitzt in der Mitte einen
höheren Fließwiderstand, weil das Verhältnis Reibungsleistung zu Gesamtleistung durch ein höheres Reibfläche- zu Volumen-Verhältnis größer ist.
Ferner nimmt die Vergleichsformänderung $\bar{\varepsilon}$ bei gleichem Stempelweginkrement Δz für die flache Probe stärker zu und führt damit ebenfalls zu einer
Erhöhung des Fließwiderstandes. Zur Überwindung dieses Widerstandes nehmen
die mittleren Spannungen entsprechend hohe Werte an. Diese Tatsache hat zur
Folge, daß auch das Verhältnis ($\sigma_{zz})_{Mitte}/(\sigma_{zz})_{Rand}$ für die flache Probe
einen höheren Wert annimmt und die Normalspannungen in Probenmitte auf ein
absolutes Maximum anwachsen. Eine weitere Frage ist, wie sich die am Rand
auftretenden absoluten Maxima der Probe 1 und die Submaxima der flachen
Probe 2 beschreiben lassen ($\mu = 0,1$ und $0,4$). In Bild 29 ist das Verhältnis

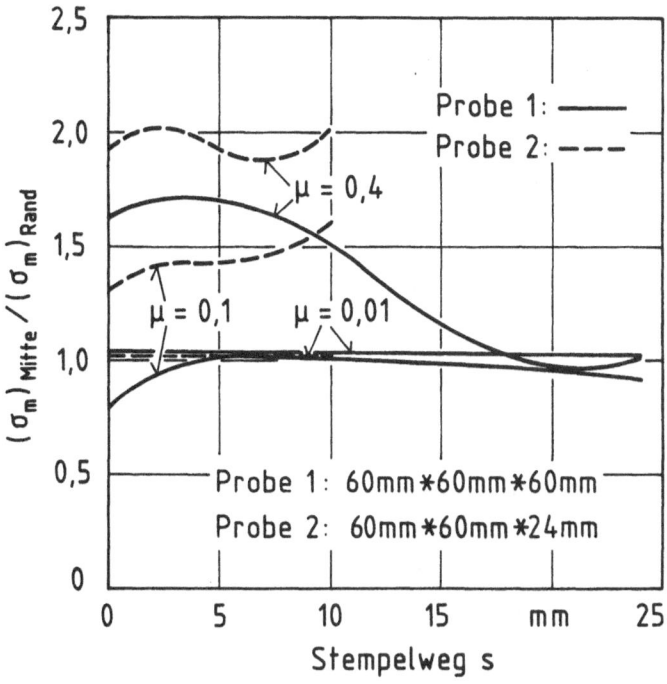

Bild 28: Verhältnisse der mittleren Spannung in der Mitte der Probenstirnfläche zum Rand.

der Normalspannung zur mittleren Spannung σ_{zz}/σ_m in der Mitte der
Stirnfläche (durchgezogene Linien) und am Rand (gestrichelte Linien) über
dem Stempelweg s aufgetragen. Es zeigt sich deutlich, daß die Normalspannungen im Verhältnis zu den mittleren Spannungen am Rand größere Werte
annehmen. Die Elemente am Rand werden während der Umformung wesentlich
stärker verzerrt als diejenigen in der Mitte. Dadurch ergeben sich größere
Differenzen zwischen den einzelnen Spannungskomponenten und die Fließgrenze
wird bei geringerer mittlerer Spannung erreicht. Dies bewirkt eine Erhöhung
von σ_{zz}/σ_m im Randbereich. Demzufolge lassen sich zwei unterschiedliche
Tendenzen ableiten. Die erste besagt, daß bei einer flacheren Probe das
Verhältnis $(\sigma_m)_{Mitte}/(\sigma_m)_{Rand}$ und damit auch $(\sigma_{zz})_{Mitte}/(\sigma_{zz})_{Rand}$
größer wird. Unabhängig von der Geometrie ist nach der zweiten Tendenz das
Verhältnis (σ_{zz}/σ_m) am Rand größer als in der Mitte. Für Probe 1
beeinflußt die zweite Tendenz den Spannungsverlauf stärker und bewirkt am

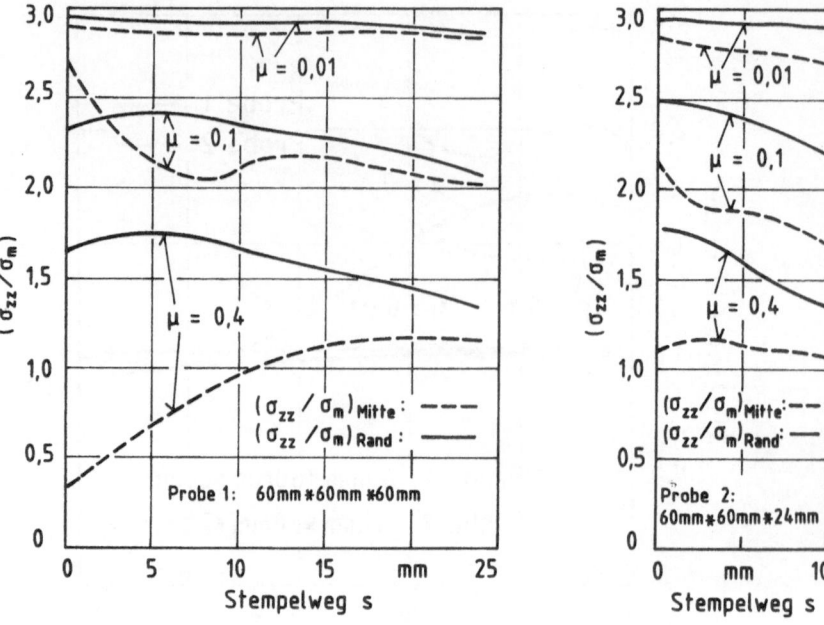

Bild 29: Verhältnis der Normalspannung σ_{zz} zur mittleren Spannung σ_m in der Mitte und am Rand der Probenstirnfläche.

Rand ein höheres Maximum als in der Mitte. Bei der flachen Probe 2 überwiegt dagegen die erste Tendenz, wodurch das höhere Maximum in der Mitte auftritt. Das Minimum in der Mitte von Probe 1 bei h_o = 24 mm und μ = 0,4 (Bild 26) resultiert aus dem sehr kleinen Verhältnis (σ_{zz}/σ_m) in der Mitte von 0,35 gegenüber (σ_{zz}/σ_m) am Rand von 1,65 (Bild 29). In diesem Fall überwiegt der Einfluß der zweiten Tendenz also sehr stark gegenüber der ersten Tendenz. Im Zusammenhang mit Bild 29 ist noch zu bemerken, daß die Verhältnisse (σ_{zz}/σ_m) für größere Reibzahlen abnehmen, d.h. je inhomogener die Verformung, desto mehr steigt die mittlere Spannung σ_m gegenüber der Normalspannung σ_{zz}.

Die berechneten Verläufe der Umformkraft über dem Stempelweg sind in Bild 30 (Probe 1) und Bild 31 (Probe 2) dargestellt. Sie wurden für die unterschiedlichen Reibzahlen μ = 0,01 (durchgezogene Linie), μ = 0,1 (strichpunktierte Linie) und μ = 0,4 (gestrichelte Linie) ermittelt. Für

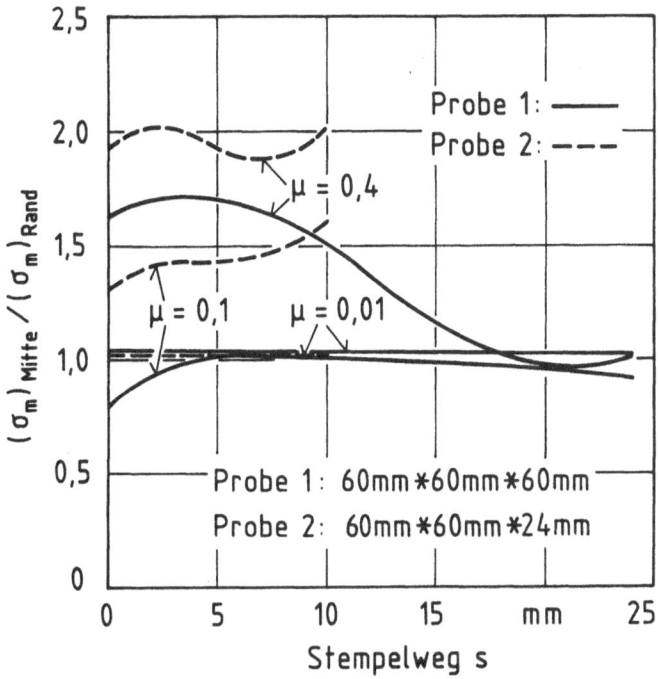

Bild 28: Verhältnisse der mittleren Spannung in der Mitte der Probenstirnfläche zum Rand.

der Normalspannung zur mittleren Spannung σ_{zz}/σ_m in der Mitte der
Stirnfläche (durchgezogene Linien) und am Rand (gestrichelte Linien) über
dem Stempelweg s aufgetragen. Es zeigt sich deutlich, daß die Normalspannungen im Verhältnis zu den mittleren Spannungen am Rand größere Werte
annehmen. Die Elemente am Rand werden während der Umformung wesentlich
stärker verzerrt als diejenigen in der Mitte. Dadurch ergeben sich größere
Differenzen zwischen den einzelnen Spannungskomponenten und die Fließgrenze
wird bei geringerer mittlerer Spannung erreicht. Dies bewirkt eine Erhöhung
von σ_{zz}/σ_m im Randbereich. Demzufolge lassen sich zwei unterschiedliche
Tendenzen ableiten. Die erste besagt, daß bei einer flacheren Probe das
Verhältnis $(\sigma_m)_{Mitte}/(\sigma_m)_{Rand}$ und damit auch $(\sigma_{zz})_{Mitte}/(\sigma_{zz})_{Rand}$
größer wird. Unabhängig von der Geometrie ist nach der zweiten Tendenz das
Verhältnis (σ_{zz}/σ_m) am Rand größer als in der Mitte. Für Probe 1
beeinflußt die zweite Tendenz den Spannungsverlauf stärker und bewirkt am

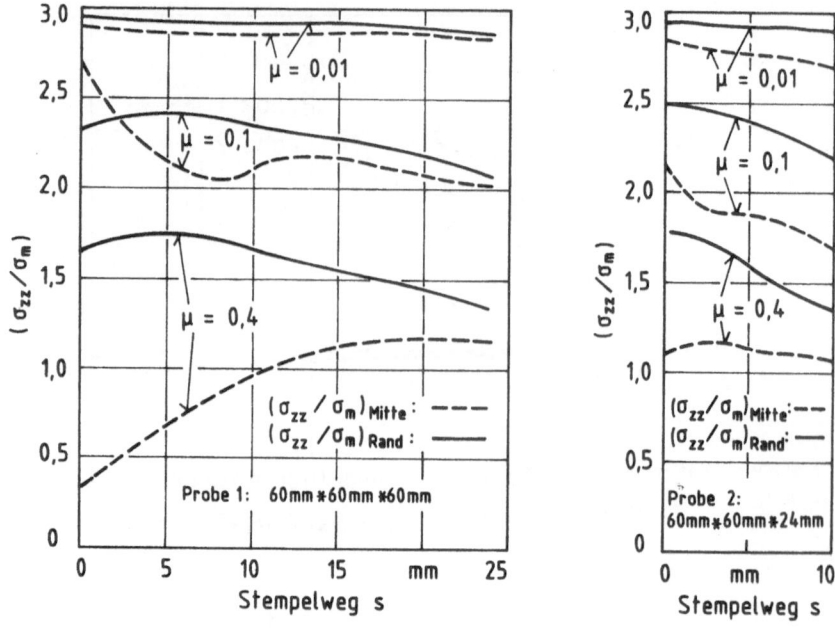

Bild 29: Verhältnis der Normalspannung σ_{zz} zur mittleren Spannung σ_m in der Mitte und am Rand der Probenstirnfläche.

Rand ein höheres Maximum als in der Mitte. Bei der flachen Probe 2 überwiegt dagegen die erste Tendenz, wodurch das höhere Maximum in der Mitte auftritt. Das Minimum in der Mitte von Probe 1 bei h_0 = 24 mm und μ = 0,4 (Bild 26) resultiert aus dem sehr kleinen Verhältnis (σ_{zz}/σ_m) in der Mitte von 0,35 gegenüber (σ_{zz}/σ_m) am Rand von 1,65 (Bild 29). In diesem Fall überwiegt der Einfluß der zweiten Tendenz also sehr stark gegenüber der ersten Tendenz. Im Zusammenhang mit Bild 29 ist noch zu bemerken, daß die Verhältnisse (σ_{zz}/σ_m) für größere Reibzahlen abnehmen, d.h. je inhomogener die Verformung, desto mehr steigt die mittlere Spannung σ_m gegenüber der Normalspannung σ_{zz}.

Die berechneten Verläufe der Umformkraft über dem Stempelweg sind in Bild 30 (Probe 1) und Bild 31 (Probe 2) dargestellt. Sie wurden für die unterschiedlichen Reibzahlen μ = 0,01 (durchgezogene Linie), μ = 0,1 (strichpunktierte Linie) und μ = 0,4 (gestrichelte Linie) ermittelt. Für

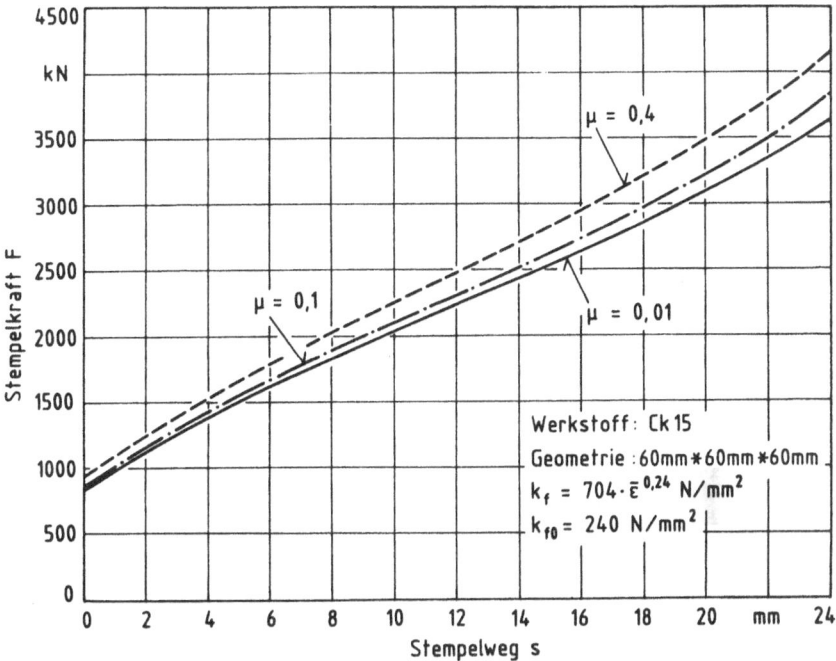

Bild 30: Kraft-Weg-Verläufe für unterschiedliche Reibzustände
(Ausgangshöhe: 60 mm).

Probe 1 steigt die zu Anfang benötigte Umformkraft von 850 kN (μ = 0,01),
870 kN (μ = 0,1) und 920 kN (μ = 0,4) am Ende des Vorgangs (Stempelweg:
24 mm) auf 3650 kN (μ = 0,01), 3800 kN (μ = 0,1) und 4150 kN (μ = 0,4) an.
Die prozentuale Abweichung der Kraftmaxima zwischen nahezu reibungsfreier
Umformung (3650 kN; μ = 0,01) und der Umformung mit einer hohen Reibzahl
(4150 kN; μ = 0,4) beträgt ca. 12 %. Die anfängliche Umformkraft bei
Probe 2 von 880 kN (μ = 0,01), 950 kN (μ = 0,1) und 1150 kN (μ = 0,4)
steigt nach einem Stempelweg von 10 mm auf 3900 kN (μ = 0,01), 4580 kN (μ =
0,1) und 6550 kN (μ = 0,4). Hier beträgt die prozentuale Abweichung der
Kraftmaxima zwischen μ = 0,01 und μ = 0,4 ca. 40 %. Der Einfluß des
Reibzustandes wirkt sich bei der flachen Probe stärker aus, weil das
Verhältnis Reibfläche zu Volumen größer ist.

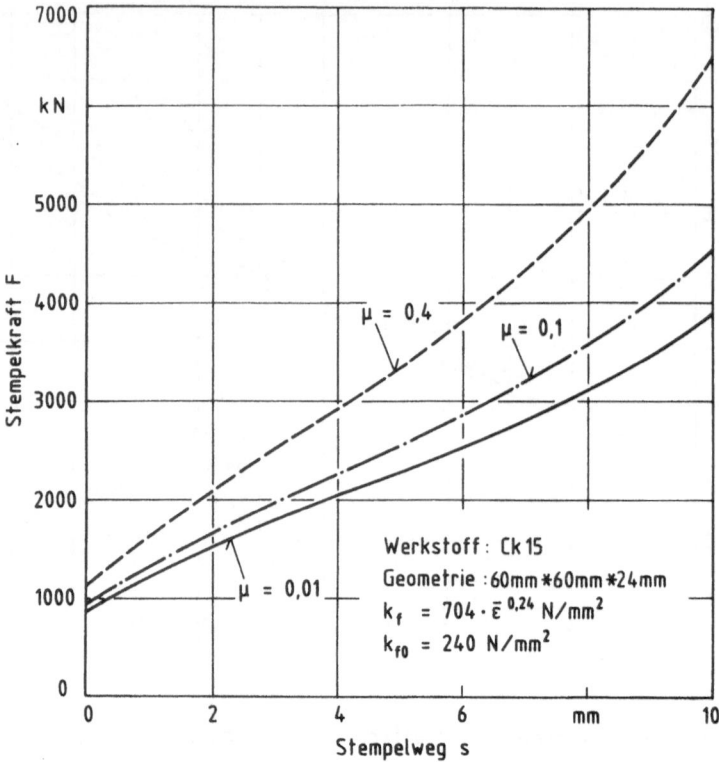

Bild 31: Kraft-Weg-Verläufe für unterschiedliche Reibzustände
(Ausgangshöhe: 24 mm).

6.6   TEMPERATUREN UND DEREN ÄNDERUNGEN ÜBER DIE ZEIT BEI ADIABATER RANDBEDINGUNG

Die numerische Berechnung der Temperaturverteilung beim Kaltstauchen eines Quaders (Werkstoff: Stahl Ck 15) wurde mit unterschiedlichen Stempelgeschwindigkeiten v_{St} = 2 mm/s und v_{St} = 200 mm/s durchgeführt. Die Reibzahl wurde zu μ = 0,1 gewählt. Für die gewählte konstante Stempelgeschwindigkeit von v_{St} = 2 mm/s betrug die Umformzeit (Stempelweg: 24 mm) 12 s, für v_{St} = 200 mm/s nur 0,12 s. Dadurch konnte der Vorgang des Wärmeausgleiches im Innern des Körpers für unterschiedliche Vorgangszeiten beobachtet werden. Vorausgesetzt wurde die Betrachtung des Vorgangs als adiabat, d.h. der

Wärmeaustausch mit der Umgebung wurde nicht berücksichtigt. Ferner blieb die Erwärmung infolge von Reibungsenergie unberücksichtigt. Um diesen Einfluß klein zu halten, wurden die Berechnungen mit kleinen Reibzahlen durchgeführt (siehe Kap. 7). Nach Pohl /10/ liegt der reale Vorgang einer Umformung durch Kaltstauchen in unmittelbarer Nähe des adiabaten Falles. Diese Tatsache wurde auch durch einen Vergleich eigener experimenteller Untersuchungen mit der numerischen Lösung bestätigt (siehe Kap. 7). Für den Vorgang des Kaltstauchens wurde weiter angenommen, daß sich die zur Berechnung der plastischen Werkstückdeformation zugrunde liegende Kalt-fließkurve nach Gl.(43a) während des Erwärmens nicht verändert.

Beim Warmstauchen von Aluminium Al 99,5 mußte dagegen die Abhängigkeit der Fließspannung von der Vergleichsformänderung sowie der Vergleichsformände-rungsgeschwindigkeit und Temperatur berücksichtigt werden (siehe Bild 17). Das Warmstauchen wurde ebenfalls mit konstanten Stempelgeschwindigkeiten von 2 mm/s und 200 mm/s durchgeführt (Reibzahl μ = 0,1). Zu den o.g. Umformvorgängen wurden bereits im Abschnitt 6.4 die sich ergebenden Verteilungen der Vergleichsformänderungen, Vergleichsformänderungsgeschwin-digkeiten und Spannungen behandelt.

Zunächst wird die Erwärmung beim Kaltstauchen des Stahlquaders (Anfangstem-peratur: 20°C) infolge dissipierter Verformungsenergie betrachtet. Die benötigten Werkstoffkenndaten zur Temperaturfeldberechnung für Stahl Ck 15 sind der Literatur /10,37,85,111/ entnommen und blieben während der Rechnung konstant. Dies ist eine Näherung, da die Stoffwerte von verschiedenen Parametern abhängen. In den hier auftretenden Temperaturbe-reichen erscheint diese Annahme gerechtfertigt. Die einzelnen Kenngrößen nehmen folgende Werte an:

- Dichte ρ = 7,85 kg/dm³,
- Wärmeleitzahl k = 51 W/(m · K),
- spez. Wärmekapazität c = 0,475 kJ/(kg · K),
- Anteil der in Wärme umgewandelten Verformungsenergie η = 0,865.

Nach Bild 32 wurde die Probe von der Ausgangshöhe $\overline{h}_o$ = 30 mm auf die Endhöhe $\overline{h}$ = 18 mm gestaucht (Stempelgeschwindigkeit v_{St} = 2 mm/s). Das Bild zeigt die Temperaturverteilung auf der Werkstückoberfläche für unterschied-liche momentane Höhen $\overline{h}$ = 27 mm, 24 mm, 21 mm und 18 mm. Es ist deutlich zu erkennen, daß die höchste Temperatur jeweils am Werkstückrand und damit im

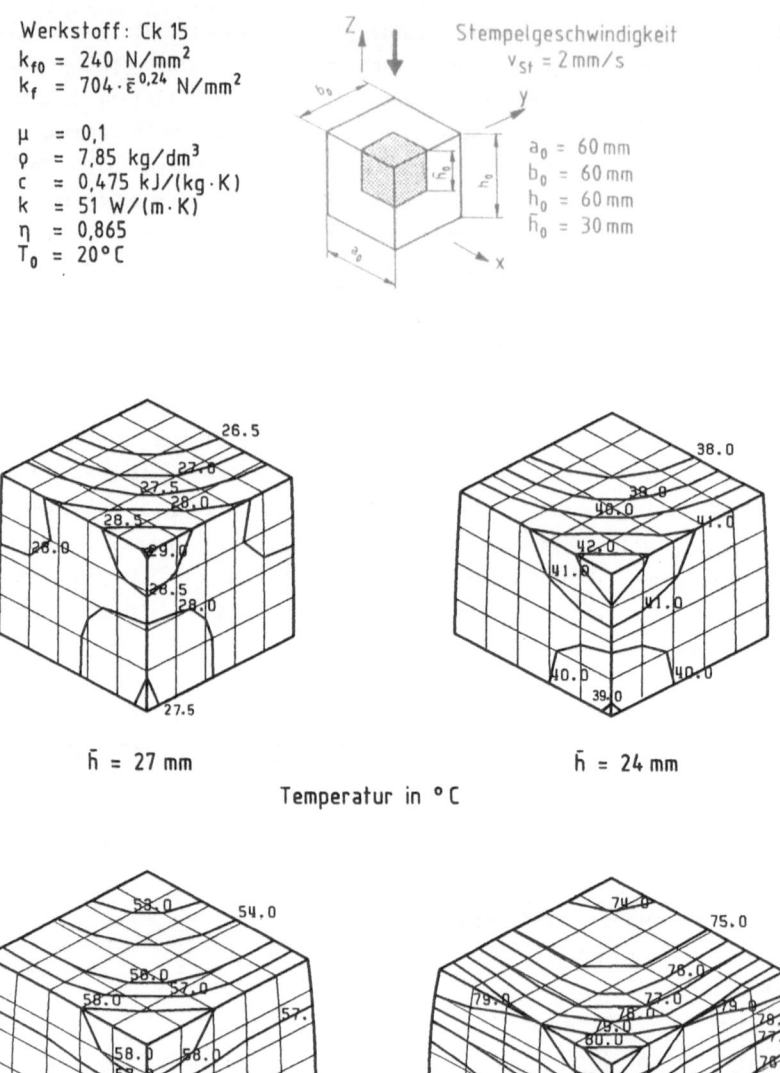

Werkstoff: Ck 15
$k_{f0} = 240 \ N/mm^2$
$k_f = 704 \cdot \bar{\varepsilon}^{0,24} \ N/mm^2$

$\mu = 0,1$
$\rho = 7,85 \ kg/dm^3$
$c = 0,475 \ kJ/(kg \cdot K)$
$k = 51 \ W/(m \cdot K)$
$\eta = 0,865$
$T_0 = 20 °C$

Stempelgeschwindigkeit
$v_{St} = 2 \ mm/s$

$a_0 = 60 \ mm$
$b_0 = 60 \ mm$
$h_0 = 60 \ mm$
$\bar{h}_0 = 30 \ mm$

$\bar{h} = 27 \ mm$ $\bar{h} = 24 \ mm$

Temperatur in °C

$\bar{h} = 21 \ mm$ $\bar{h} = 18 \ mm$

Bild 32: Temperaturverteilung bei einer Stempelgeschwindigkeit von 2 mm/s
(Werkstoff: Ck 15).

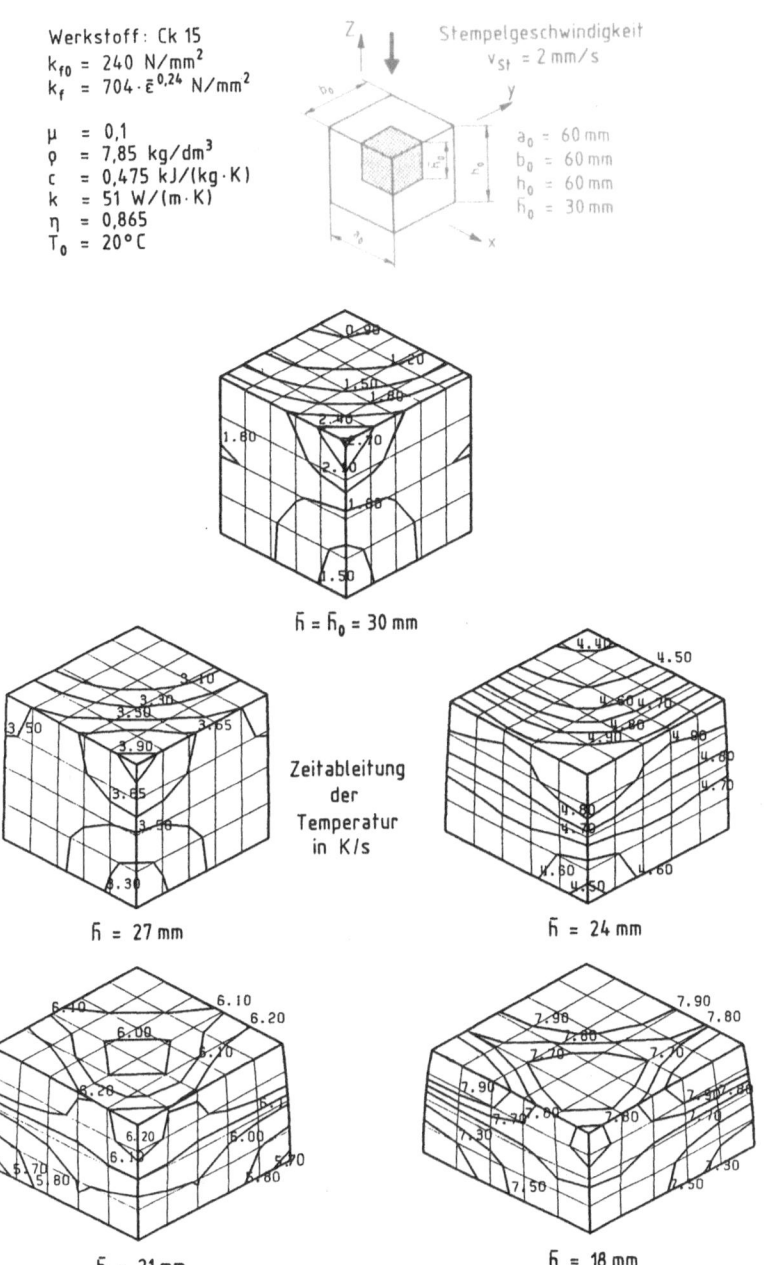

Bild 33: Verteilung der Temperaturänderung je Zeiteinheit bei einer Stempelgeschwindigkeit von 2 mm/s (Werkstoff: Ck 15).

Bereich stärkster Verformung (siehe Bild 18) auftritt. Ausgehend von einer konstanten Anfangstemperatur von 20°C steigt die Temperatur, beispielsweise an der vorderen Kante, auf 29°C ($\bar{h}$ = 27 mm), 42°C ($\bar{h}$ = 24 mm), 58°C ($\bar{h}$ = 21 mm) und 80°C ($\bar{h}$ = 18 mm). Im Bereich der oberen und seitlichen Probenmitte fällt die Temperatur für $\bar{h}$ = 18 mm auf etwa 75°C ab.

In Bild 33 sind die zugehörigen Temperaturänderungen je Zeiteinheit aufgetragen. Der tendenzielle Verlauf der Temperaturänderungsverteilung entspricht im Anfangsstadium des Umformvorgangs, bis zu einem Stempelweg von etwa 12 mm ($\bar{h}$ = 24 mm), dem der Temperaturverteilung nach Bild 32. Die gleiche Tendenz wiesen bereits die Verteilungen der Vergleichsspannungen und Vergleichsformänderungen nach Bild 18 auf. Dies bedeutet niedrige Werte in Stirnflächenmitte, kontinuierlich zum Rand hin ansteigend und zur seitlichen Mitte wieder abfallend. Für $\bar{h}$ = 24 mm treten in der oberen Probenmitte Werte $\dot{T}$ = 4,4 K/s, am Rand 4,9 K/s und im Bereich der Seitenmitte 4,5 K/s auf. Eine Änderung des tendenziellen Verlaufes zeichnet sich für $\bar{h}$ = 21 mm auf der Probenstirnfläche ab. Dies wird für $\bar{h}$ = 18 mm noch deutlicher erkennbar. Im Bereich der oberen Probenmitte treten jetzt maximale Werte $\dot{T} \approx$ 7,9 K/s auf, die zunächst auf 7,7 K/s abfallen und zum Rand wieder auf 7,9 K/s ansteigen. Aus dem Minimum in der Mitte wird also bei fortgeschrittener Umformung ein Maximum. Diese Tatsache läßt sich wie folgt erklären: Die Temperaturänderung je Zeiteinheit wird zum einen durch die Leistung der örtlichen Wärmequellen und zum anderen durch den Wärmeausgleich bestimmt. Dies bedeutet, daß zu Beginn der Umformung die örtliche Wärmeerzeugung gegenüber dem Wärmeausgleich überwiegt. Mit fortschreitender Umformung dreht sich diese Tendenz um und bewirkt die oben festgestellte Änderung im Verlauf der Zeitableitung der Temperatur.

Bei einer Stempelgeschwindigkeit v_{St} = 200 mm/s (Stempelweg: 24 mm) beträgt die Vorgangszeit nur 0,12 s. Dies bedeutet, daß nur sehr wenig Zeit für den Ausgleich der Wärme innerhalb des Werkstücks zur Verfügung steht. Demzufolge müssen die Temperaturgradienten größer werden. Bild 34 verdeutlicht diese Tatsache. Die Temperatur am Werkstückrand (h = 18 mm) beträgt jetzt 95°C, ist also um ca. 15 K höher als die ermittelte Temperatur bei der Stempelgeschwindigkeit v_{St} = 2 mm/s. Im Bereich der oberen Probenmitte sind es 55°C im Gegensatz zu 74°C nach Bild 32 und auf der seitlichen Probenmitte 65°C im Gegensatz zu 75°C.

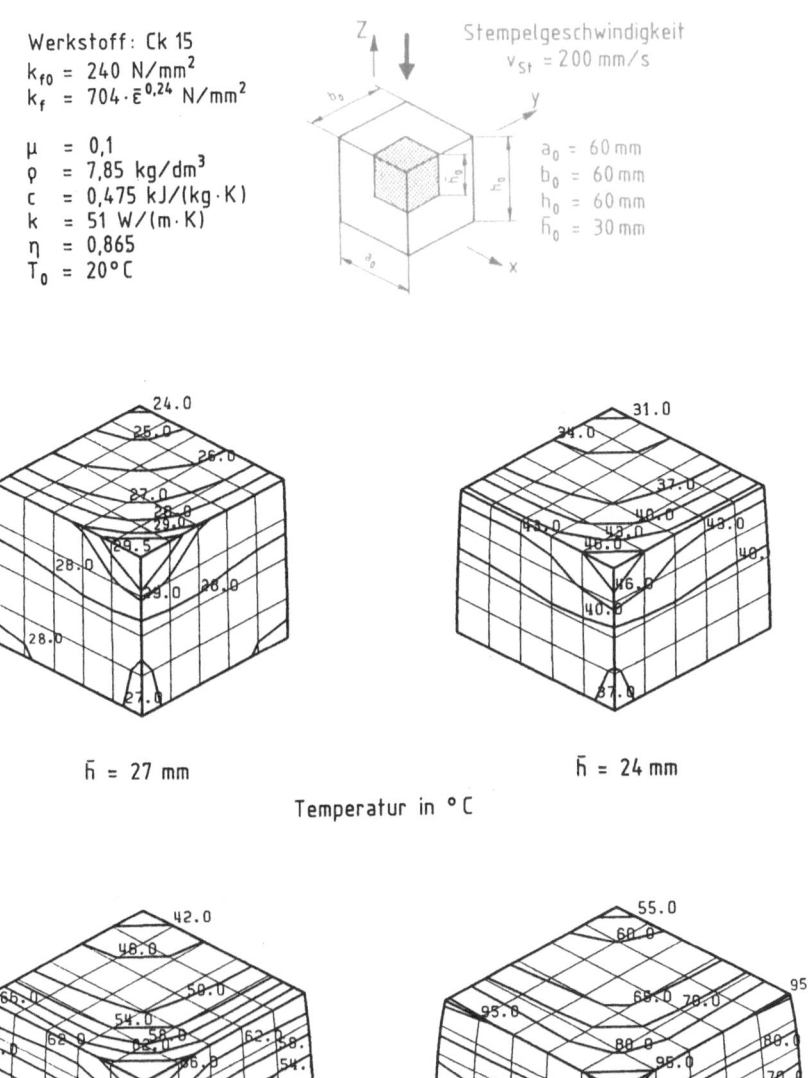

Werkstoff: Ck 15
k_{f0} = 240 N/mm²
k_f = 704·$\bar{\epsilon}^{0,24}$ N/mm²

μ = 0,1
ρ = 7,85 kg/dm³
c = 0,475 kJ/(kg·K)
k = 51 W/(m·K)
η = 0,865
T_0 = 20°C

Stempelgeschwindigkeit
v_{St} = 200 mm/s

a_0 = 60 mm
b_0 = 60 mm
h_0 = 60 mm
$\bar{h}_0$ = 30 mm

$\bar{h}$ = 27 mm $\bar{h}$ = 24 mm

Temperatur in °C

$\bar{h}$ = 21 mm $\bar{h}$ = 18 mm

Bild 34: Temperaturverteilung bei einer Stempelgeschwindigkeit von 200 mm/s (Werkstoff: Ck 15).

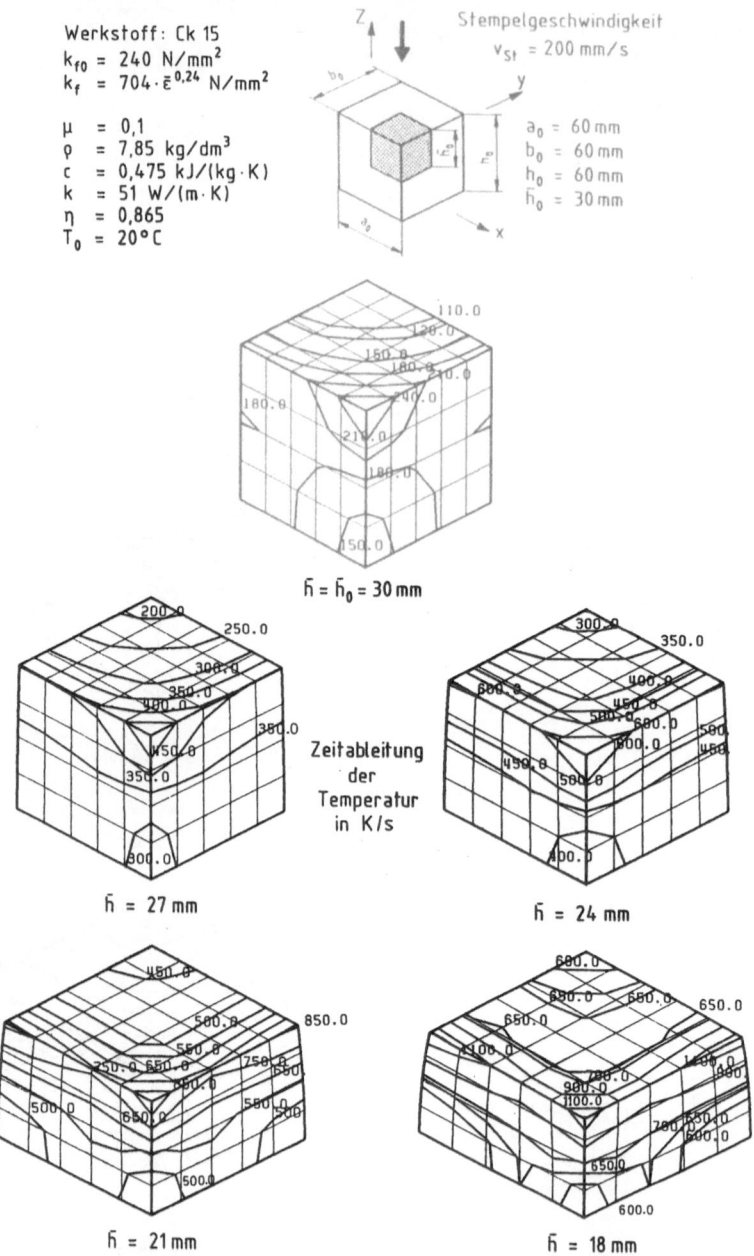

Werkstoff: Ck 15
k_{f0} = 240 N/mm²
k_f = 704·$\bar{\epsilon}^{0,24}$ N/mm²

μ = 0,1
ρ = 7,85 kg/dm³
c = 0,475 kJ/(kg·K)
k = 51 W/(m·K)
η = 0,865
T_0 = 20 °C

Stempelgeschwindigkeit
v_{St} = 200 mm/s

a_0 = 60 mm
b_0 = 60 mm
h_0 = 60 mm
$\bar{h}_0$ = 30 mm

$\bar{h}$ = $\bar{h}_0$ = 30 mm

Zeitableitung der Temperatur in K/s

$\bar{h}$ = 27 mm

$\bar{h}$ = 24 mm

$\bar{h}$ = 21 mm

$\bar{h}$ = 18 mm

Bild 35: Verteilung der Temperaturänderung je Zeiteinheit bei einer Stempelgeschwindigkeit von 200 mm/s (Werkstoff: Ck 15).

Bild 35 zeigt wieder die Temperaturänderung je Zeiteinheit, in diesem Fall
für die Umformung mit der hohen Stempelgeschwindigkeit von 200 mm/s.
Bedingt durch die höhere Stempelgeschwindigkeit sind die Temperaturänderun-
gen entsprechend höher als diejenigen nach Bild 33 für v_{St} = 2 mm/s. Im
Gegensatz zu dem langsamer ablaufenden Vorgang entspricht der tendenzielle
Verlauf während des gesamten Vorgangs dem der Temperaturverteilung
(Bild 34) sowie der Vergleichsspannungs- und Vergleichsformänderungsvertei-
lung nach Bild 18. Aufgrund der kurzen Umformzeit überwiegt die örtliche
Wärmeerzeugung gegenüber dem Wärmeausgleich bis zum Ende des Vorgangs.

In Bild 36 (v_{St} = 2 mm/s) und Bild 37 (v_{St} = 200 mm/s), sind die
Temperaturverteilung und die Verteilung der Temperatur nach der Zeit in der
Schnittebene C dargestellt. Für den Vorgang mit der niedrigen Stempelgeschwindigkeit treten nach Bild 36 für $\overline{h}$ = 18 mm die größten örtlichen
Temperaturen T = 81°C im Kern und T = 79°C im Randbereich auf. Dies deutet
wieder auf die X-förmige Ausbildung der Umformzone unterhalb des Stempels
hin. Für die Zeitableitung der Temperatur treten im Kern Werte $\dot{T}$ = 7,5 K/s
und im Randbereich $\dot{T}$ = 8,0 K/s auf. Auch im oberen Mittenbereich ist
$\dot{T} \approx$ 8,0 K/s. Die Temperaturänderung für v_{St} = 2 mm/s ist in der oberen
Probenmitte größer als im Kern, hier überwiegt also der Wärmeausgleich
gegenüber der örtlichen Wärmeerzeugung (siehe Bild 33). Dies ist für v_{St} =
200 mm/s nach Bild 37 nicht mehr der Fall. Im Kern ($\overline{h}$ = 18 mm) und im
Randbereich ist $\dot{T} \approx$ 870 K/s, in der oberen Probenmitte lediglich 600 K/s.
Aufgrund der kurzen Vorgangszeit überwiegt hier die örtliche Wärmeerzeugung
gegenüber dem Wärmeausgleich (siehe Bild 35). Ein Vergleich der Temperaturen ($\overline{h}$ = 18 mm) nach Bild 36 und 37 verdeutlicht wieder den größeren
Temperaturgradienten bei kürzerer Umformzeit. Für v_{St} = 200 mm/s (2 mm/s)
treten im Kern 90°C (81°C), am Rand 85°C (79°C), im Bereich der oberen
Probenmitte 55°C (74°C) und in der seitlichen Mitte 70°C (76°C) auf.

Die Temperaturerhöhung beim Warmstauchen des Aluminiumquaders Al 99,5 ist
deutlich geringer als beim Kaltstauchen von Stahl, da weniger Verformungsenergie benötigt wird. Die Werkstoffkenndaten für Aluminium Al 99,5 wurden
innerhalb des betrachteten Temperaturbereichs als konstant angesehen. Sie
nehmen in diesem Bereich folgende Werte an:

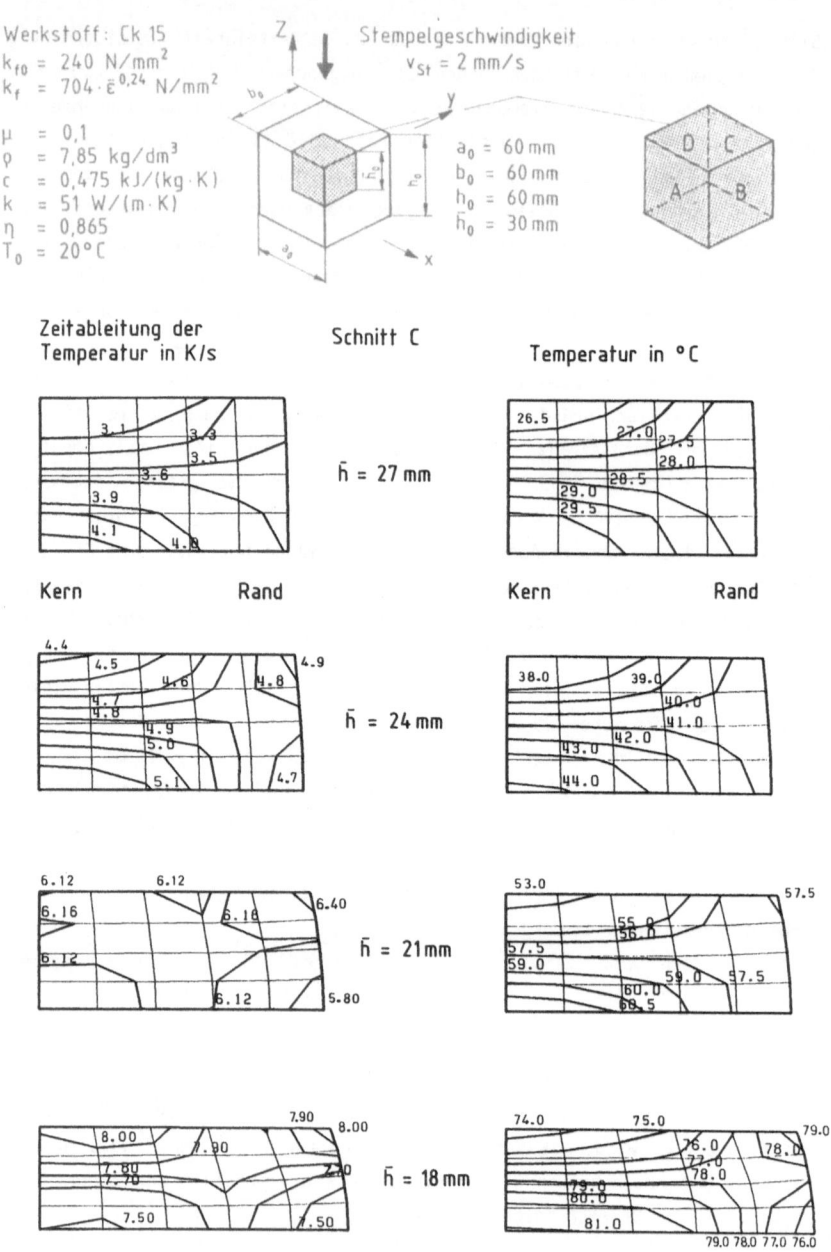

Bild 36: Temperaturverlauf und Temperaturänderungsverlauf je Zeiteinheit in der Schnittebene C bei einer Stempelgeschwindigkeit von 2 mm/s.

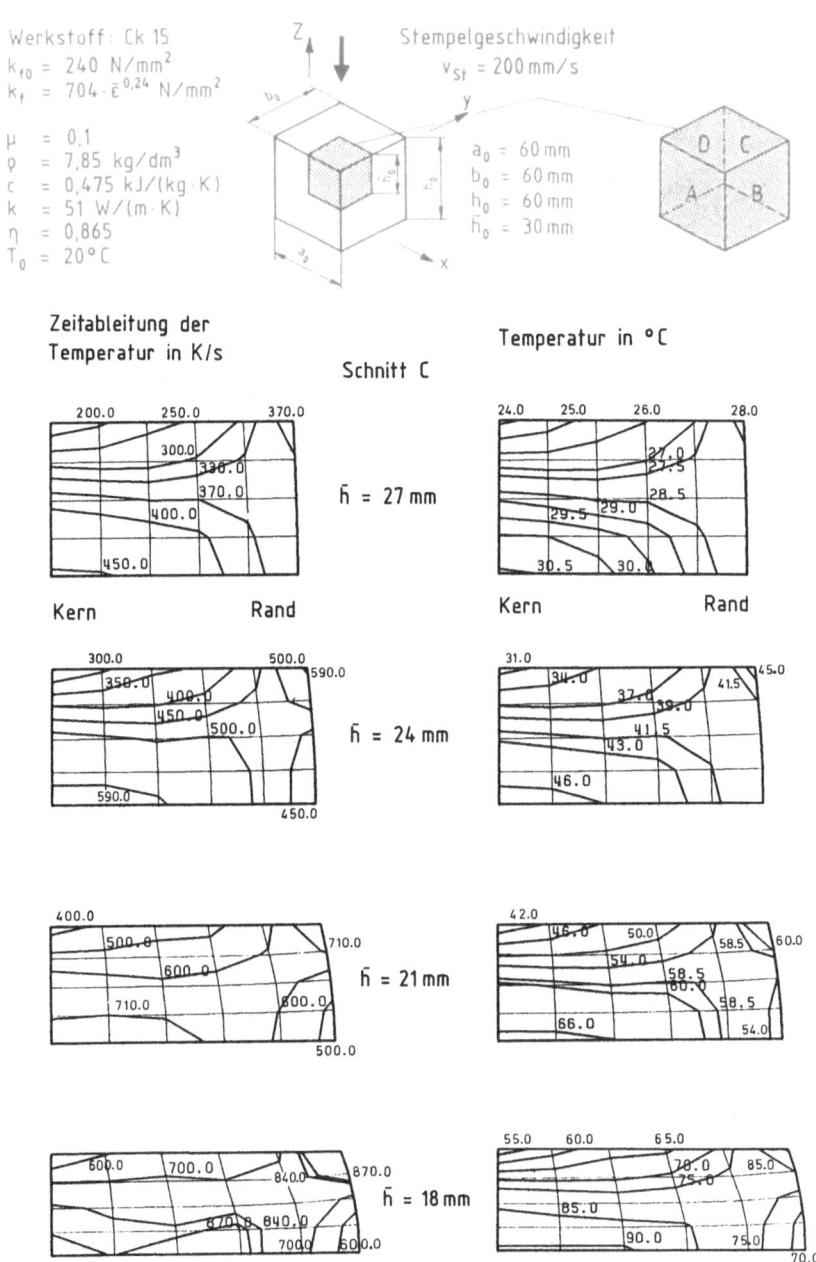

Bild 37: Temperaturverlauf und Temperaturänderungsverlauf je Zeiteinheit in der Schnittebene C bei einer Stempelgeschwindigkeit von 200 mm/s.

- Dichte $\rho = 2,71$ kg/dm^3,
- Wärmeleitzahl k = 210 W/(m · K),
- spez. Wärmekapazität c = 1,06 kJ/(kg · K),
- Anteil der in Wärme umgewandelten Verformungsenergie $\eta = 0,95$.

Die Reibzahl wurde zu μ = 0,1 und die Stempelgeschwindigkeiten zu 2 mm/s und 200 mm/s gewählt (siehe Abschnitt 6.4). Die Abhängigkeit der Fließspannung k_f von der Vergleichsformänderung $\bar{\varepsilon}$, der Vergleichsformänderungsgeschwindigkeit $\dot{\bar{\varepsilon}}$ und der Temperatur T wird durch Gl.(46) beschrieben. Die gewählte Anfangstemperatur der Proben nach Bild 38 betrug 350°C. Nach dem Stauchen der Probe von der Ausgangshöhe h_o = 60 mm auf die Endhöhe h = 36 mm (Voraussetzung: adiabater Vorgang) ergibt sich bei langsamer Stempelgeschwindigkeit (v_{St} = 2 mm/s) eine konstante Werkstücktemperatur von 356,7°C. Die Wärmeleitzahl beim Warmstauchen von Aluminium Al 99,5 liegt etwa um den Faktor 4 höher als diejenige beim Kaltstauchen von Stahl Ck 15. Diese Tatsache sowie die geringfügige Temperaturerhöhung um ca. 7 K bewirken innerhalb der Vorgangszeit von 12 s einen absoluten Wärmeausgleich im Werkstück. Während der Stauchung mit erhöhter Stempelgeschwindigkeit von v_{St} = 200 mm/s erwärmt sich die Probe in der Mitte der Stirnfläche auf 356°C, zum Rand hin auf 360°C ansteigend und zur Seitenmitte wieder auf 356,5°C abfallend. Der Körper erwärmt sich bei erhöhter Stempelgeschwindigkeit demnach stärker, und es treten, bezogen auf die Temperaturerhöhung von maximal 10 K, merkliche Temperaturunterschiede von etwa 4 K innerhalb des Werkstücks auf. Die höhere Gesamterwärmung läßt sich durch die stärkere Umformung erklären. Die Temperaturunterschiede lassen sich aufgrund des geringeren Wärmeausgleichs infolge der kurzen Vorgangsdauer von 0,12 s begründen.

In Bild 39 sind die Temperaturverteilungen für die beiden unterschiedlichen Stempelgeschwindigkeiten in der Schnittebene C aufgetragen. Für v_{St} = 2 mm/s ergeben sich konstante Temperaturen. Nach Erreichen der Höhe $\bar{h}$ = 24 mm hat sich der Körper auf 353,0°C erwärmt und am Ende des Vorgangs ($\bar{h}$ = 18 mm) auf 356,7°C (siehe Bild 38). Bei hoher Stempelgeschwindigkeit treten für $\bar{h}$ = 18 mm die höchsten örtlichen Temperaturen im Kern und im Randbereich auf (T = 359,5°C). Die Temperaturen in der Mitte der Stirnfläche und im Bereich der Seitenmitte liegen bei 356,5°C bzw. 357,0°C.

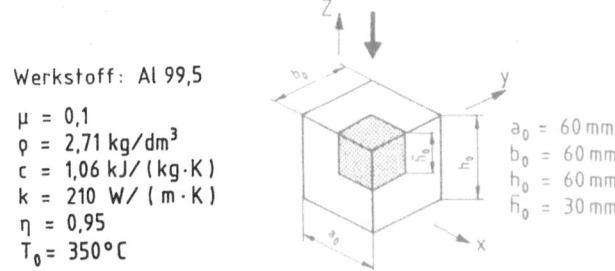

Werkstoff: Al 99,5

$\mu = 0,1$
$\rho = 2,71 \text{ kg/dm}^3$
$c = 1,06 \text{ kJ/(kg·K)}$
$k = 210 \text{ W/(m·K)}$
$\eta = 0,95$
$T_0 = 350°C$

$a_0 = 60 \text{ mm}$
$b_0 = 60 \text{ mm}$
$h_0 = 60 \text{ mm}$
$\bar{h}_0 = 30 \text{ mm}$

Stempelgeschwindigkeit
$v_{St} = 2 \text{ mm/s}$

$\bar{h} = 18 \text{ mm}$

Stempelgeschwindigkeit
$v_{St} = 200 \text{ mm/s}$

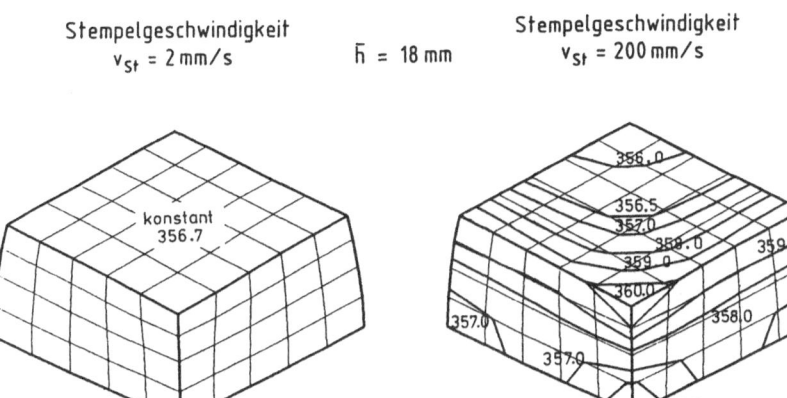

Temperatur in °C

Bild 38: Temperaturverteilung bei unterschiedlichen Stempelgeschwindigkeiten von 2 mm/s und 200 mm/s (Werkstoff: Al 99,5).

Die Verläufe der Temperaturänderungen je Zeiteinheit sind nach Bild 40 in der Schnittebene C für $\bar{h}$ = 24 mm und $\bar{h}$ = 18 mm dargestellt. Die Temperaturänderungen nehmen für v_{St} = 2 mm/s nahezu konstante Werte von $\dot{T} \approx 0,56$ K/s ($\bar{h}$ = 24 mm) und $\dot{T} \approx 0,72$ K/s ($\bar{h}$ = 18 mm) an. Für v_{St} = 200 mm/s ergeben sich dagegen merkliche Unterschiede in der Verteilung. Am Ende des Vorgangs ($\bar{h}$ = 18 mm) treten im Kern Werte ca. 94 K/s, am Rand 110 K/s, in der oberen Probenmitte 85 K/s und im Bereich der seitlichen Mitte 70 K/s auf.

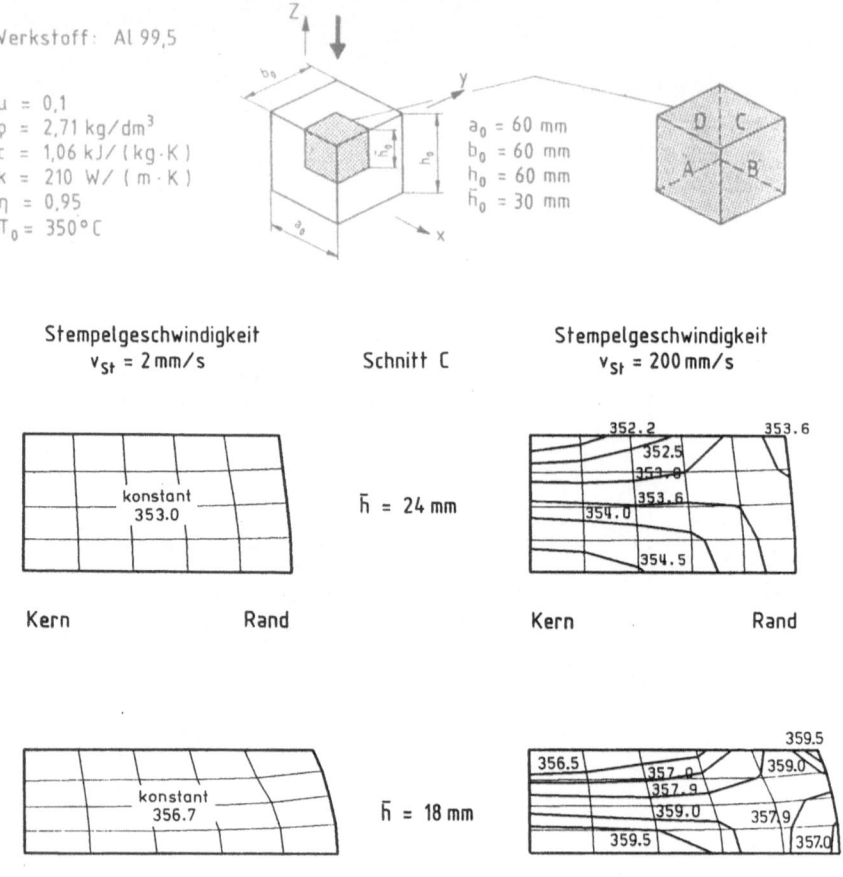

Bild 39: Temperaturverlauf in der Schnittebene C bei unterschiedlichen
Stempelgeschwindigkeiten von 2 mm/s und 200 mm/s.

.6.7 ANALYTISCHE ÜBERPRÜFUNG DER TEMPERATURBERECHNUNGEN

In diesem Abschnitt soll eine analytische Überprüfung der Simulationsergebnisse bei der thermischen Berechnung (siehe Kap. 6.6) durchgeführt werden.
Es wird ein Vergleich mit den bei homogener, adiabater Umformung

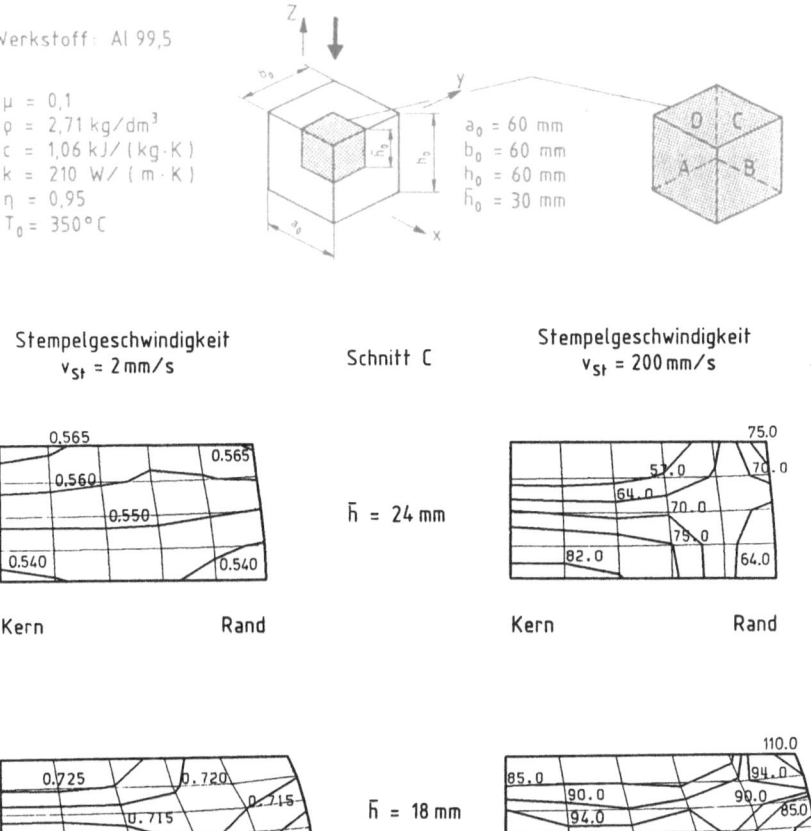

Bild 40: Temperaturänderungsverlauf je Zeiteinheit in der Schnittebene C
bei unterschiedlichen Stempelgeschwindigkeiten von 2 mm/s und
200 mm/s.

auftretenden konstanten Temperaturen vorgenommen. Nach Pohl /10/ berechnet
sich die Temperaturdifferenz im homogenen Fall zu:

$$\Delta T_{hom} = \frac{\eta}{c\,\rho} \int_{\overline{\varphi}=0}^{\overline{\varphi}=\overline{\varphi}_1} k_f(\overline{\varphi})\ d\overline{\varphi}\ .$$

(48)

Bei Betrachtung der Endhöhe h = 36 mm ($\overline{\varphi}_1$ = $l_n(h_o/h)$ = 0,51) ergibt sich beim Kaltstauchen von Stahl Ck 15 nach Gl.(43a) und Gl.(48) für ΔT_{hom} ein Wert von 57 K. Unter Bezugnahme auf die Ausgangstemperatur T_o = 20°C folgt für $\overline{h}$ = 18 mm eine Endtemperatur von T = 77°C. Dies bedeutet eine gute Übereinstimmung mit den Temperaturverteilungen nach Bild 36 (74°C$\leq$ T $\leq$ 81°C; v_{St} = 2mm/s) sowie Bild 37 (55°C $\leq$ T $\leq$ 90°C; v_{St} = 200 mm/s).

Zur Berechnung der Temperaturerhöhung beim Warmstauchen von Aluminium lassen sich den Bildern 24 und 25 mittlere Fließspannungen k_{fm} entnehmen. Für die Endhöhe $\overline{h}$ = 18 mm ($\overline{\varphi}_1$ = 0,51) können die mittleren Fließspannungen näherungsweise zu 39 N/mm² (v_{St} = 2 mm/s) und zu 48,5 N/mm² (v_{St} = 200 mm/s) angenommen werden. Durch Einsetzen der entsprechenden Werte in Gl.(48) ergibt sich bei langsamer Stempelgeschwindigkeit eine Temperaturerhöhung ΔT_{hom} = 6,6 K. Mit der angenommenen Ausgangstemperatur T = 350°C folgt für $\overline{h}$ = 18 mm eine Endtemperatur von 356,6°C. Dieser Wert stimmt mit der konstanten Temperaturverteilung nach Bild 39 (T = 356,7°C) überein. Für die Umformung mit hoher Stempelgeschwindigkeit (v_{St} = 200 mm/s) folgt mit ΔT_{hom} = 8,2 K eine Endtemperatur von T = 358,2°C. Auch für diesen Vorgang ergibt sich nach Bild 39 (356,5°C $\leq$ T $\leq$ 359,5°C) eine gute Übereinstimmung.

EXPERIMENTELLE UNTERSUCHUNGEN UND VERGLEICH MIT BERECHNUNGEN BEIM
     KALTSTAUCHEN

Die mit der Prozeßsimulation ermittelten Ergebnisse sollen in diesem
Kapitel mit experimentell gefundenen verglichen werden. Dazu werden
zunächst experimentell ermittelte Kraft-Weg-Verläufe der numerischen Lösung
gegenübergestellt (Abschnitt 7.1). Für die Untersuchungen zum Kaltstauchen
wurden Quader (Werkstoff: Stahl 16MnCr5) mit Außenmaßen 50 mm * 50 mm *
35 mm hergestellt. In Abschnitt 7.2 wird auf gemessene und numerisch
bestimmte Außenkonturverläufe in der Mittelebene der umgeformten Werkstücke
eingegangen. In weiteren Untersuchungen wurden mit Hilfe des experimen-
tell-theoretischen Verfahrens der Visioplasticity /2/ die Ver-
gleichsformänderungsverteilungen in der Mittelebene der umgeformten Werkstücke ermittelt und mit der FEM-Lösung verglichen (Abschnitt 7.3).
Abschließend werden im Unterkapitel 7.4 die zeitlichen Temperaturverläufe
bei zwei Stauchvorgängen an einigen ausgewählten Stellen meßtechnisch
erfaßt und damit die Rechenwerte überprüft.

7.1   KRAFT-WEG-VERLÄUFE

Die Messung der während eines Stauchvorgangs auftretenden Umformkräfte ist
einfach durchführbar und kann als erster Test zur Beurteilung der
Simulationsergebnisse herangezogen werden. Zur Bewertung der Güte der
theoretischen Berechnungen müssen die physikalischen Randbedingungen und
Stoffwerte hinreichend genau erfaßt und bei der Simulation berücksichtigt
werden (siehe Kap. 8). Deshalb wurden zunächst Kaltfließkurven des
verwendeten Werkstoffes (Stahl 16MnCr5) aufgenommen. Bei der nachfolgenden
Rechnung wurde angenommen, daß sich die Fließkurve durch die Erwärmung des
Werkstückes nicht verändert. In Bild 41 sind die Fließkurven aus drei
Zylinderstauchversuchen dargestellt. Die Grundlagen zu diesem Versuch
werden in /2,112/ beschrieben. Die Kurven liegen innerhalb eines geringen
Streubandes. Für die durchzuführenden Berechnungen mit PLADAN wurde die
mittlere durchgezogene Kurve genommen. Zur Beschreibung der Reibung ist die
Coulombsche Reibzahl µ im Programm einzugeben. Die Proben wurden teilweise
mit und teilweise ohne Schmierstoff gestaucht. Sichere Aussagen über die
herrschenden Reibverhältnisse können nur durch eine Messung der Reibzahl
getroffen werden. Eine derartige Möglichkeit bietet der Ringstauchversuch
nach Burgdorf /113/ für Verfahren der Massivumformung. Zur Ermittlung der

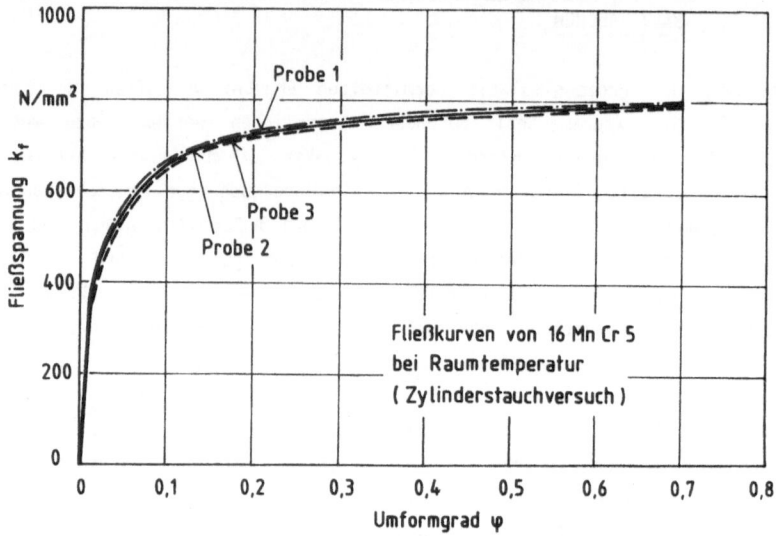

Bild 41: Experimentell ermittelte Fließkurven mit dem Zylinderstauchversuch.

Reibzahl wurde von Burgdorf ein Nomogramm für eine zylindrische Probe mit einem Innendurchmesser d_{io} = 10,5 mm, einem Außendurchmesser D_o = 19,5 mm und einer Höhe h_o = 6,8 mm erstellt (Bild 42). Dieses Nomogramm ist nur dann für die Ermittlung der Reibzahl zulässig, wenn sich diese während der Umformung nicht ändert. Eine Aussage über die herrschenden Reibverhältnisse kann allein aus den Änderungen der geometrischen Abmessungen gemacht werden. Für die Durchführung des Ringstauchversuches wurden 14 Proben hergestellt und auf verschiedene Höhen gestaucht (ohne Schmierung). Die unterschiedlichen Verhältnisse d_i/h (Innendurchmesser d_i; Endhöhe h) können im Nomogramm markiert werden. Daraus resultiert die gestrichelte Kurve nach Bild 42 mit einer Reibzahl μ = 0,34. Der μ-Wert kann während der Umformung als nahezu konstant betrachtet werden, wodurch die o.g. Zulässigkeitsbedingung erfüllt ist. Für die Stauchung der geschmierten Proben wurde als Schmierstoff eine Polymerwachsemulsion verwendet. Horlacher /114/ hat für diesen Schmierstoff beim Schrägstauchen von Stahl Reibzahlen in Abhängigkeit vom Umformgrad im Bereich 0,04 ≤ μ ≤ 0,07 ermittelt. Zur Durchführung der Simulationsrechnungen wurden die Reibzahlen daher mit μ = 0,34 (ungeschmierte Probe) und μ = 0,05 (geschmierte Probe) in PLADAN eingegeben. Der von Horlacher angegebene Reibzahlbereich wurde durch die Annahme eines konstanten mittleren μ-Wertes angenähert.

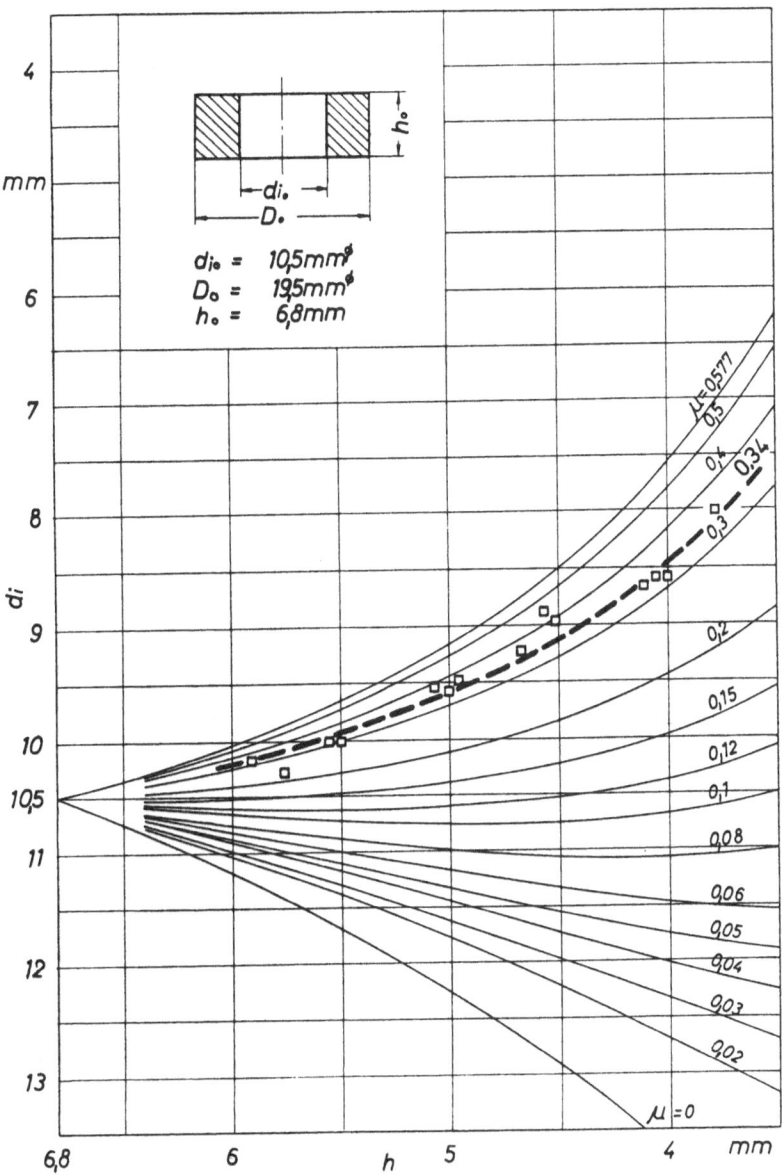

Bild 42: Ermittlung der Reibzahl durch den Ringstauchversuch.

Bild 43 zeigt den Verlauf der Umform- oder Stempelkraft F in Abhängigkeit vom Stempelweg s. Die Stauchung von fünf gleich bearbeiteten und ungeschmierten Werkstücken (Werkstoff: 16MnCr5; Geometrie: 50 mm * 50 mm * 35 mm; Reibzahl: 0,34) erfolgte auf unterschiedliche Endhöhen, um den instationären Vorgang durch eine Anzahl quasi-stationärer Inkremente anzunähern (siehe Abschnitt 7.3). Die Proben wurden in Abständen von 3 mm (h_0 = 35 mm) auf die Endhöhen h_1 = 32 mm, h_2 = 29 mm, h_3 = 26 mm, h_4 = 23 mm und h_5 = 20 mm umgeformt. Es ergeben sich leichte Abweichungen in den einzelnen Verläufen, da die benötigte Umformkraft von Probe zu Probe etwas anstieg. Nach jedem einzelnen Stauchvorgang bildete sich auf den zu Beginn geschliffenen Stauchbahnen ein leichter, nicht mehr entfernbarer Abdruck. Dies könnte geringfügige Änderungen der Reibverhältnisse, d.h. eine Erhöhung der Reibzahl, zur Folge gehabt haben und damit obige Abweichungen erklären. Die anfänglich benötigte Stempelkraft (F ≈ 900 kN) steigt nach Bild 43 für die 5. Versuchsprobe auf einen maximalen Endwert von ca. 4200 kN.

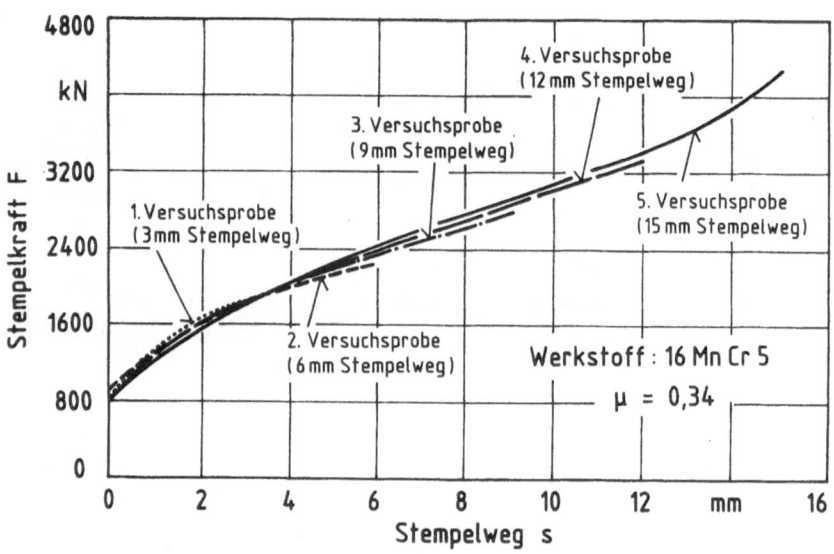

Bild 43: Experimentell ermittelte Kraft-Weg-Verläufe beim Stauchen ungeschmierter Proben.

In Bild 44 ist der gemessene Kraft-Weg-Verlauf (Probe 5) nochmals aufgetragen (durchgezogene Linie). Die gestrichelte Kurve kennzeichnet den mit PLADAN ermittelten Kraft-Weg-Verlauf. Dieser stimmt tendenziell sehr gut mit dem experimentell ermittelten Verlauf überein. Wie zu erwarten, liegen die Werte etwas höher, da die numerische Methode auf dem oberen Schrankenverfahren basiert. Die maximalen Stempelkräfte (Stempelweg: 15 mm) weichen beispielsweise um ca. 5 % voneinander ab. Lippmann /115/ gibt folgende Näherungsgleichung (obere Schranke) zur Abschätzung der Umformkraft an:

$$F \leq k_f \cdot A \left(1 + \frac{\mu}{2} \cdot \frac{a}{h} \cdot 0,765 \right) \quad . \tag{49}$$

Gl.(49) gilt für quadratische Querschnitte mit der Fläche A, der Kantenlänge a und der Höhe h. Die dritte strichpunktierte Kurve in Bild 44 gibt den mit obiger Näherungsgleichung berechneten Verlauf der Stempelkraft wider. Auch diese Kurve stimmt tendenziell gut mit den gemessenen Werten überein. Die Abweichungen der Absolutwerte liegen deutlich über denjenigen der

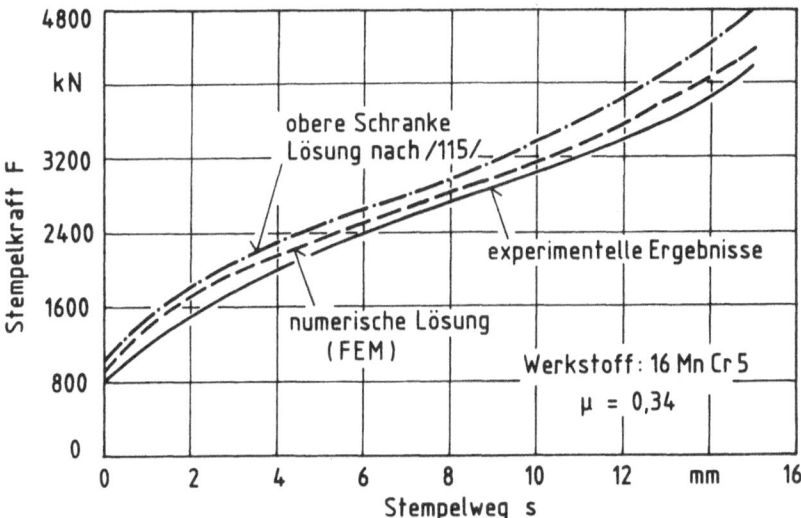

Bild 44: Vergleich des experimentell ermittelten Kraft-Weg-Verlaufes mit der FEM - und einer oberen Schranke Lösung.

FEM-Lösung. Die maximale Stempelkraft weicht hier um ca. 13 % von der gemessenen ab. Die Stempelkräfte nach Gl.(49) lassen sich einfach berechnen, ohne daß ein kompliziertes Programmsystem vorhanden sein muß und reichen für die Praxis zur groben Abschätzung der erforderlichen Mindestkräfte aus.

Die experimentell und numerisch bestimmten Stempelkräfte beim Stauchen der geschmierten Probe (μ = 0,05) sind Bild 45 zu entnehmen. Es ist eine gute Übereinstimmung festzustellen. Das Kraftmaximum am Ende der Umformung (Stempelweg: 15 mm) beträgt ca. 3400 kN (Messung) bzw. 3600 kN (Simulation). Dies entspricht einer Abweichung von 5,5 %. Aufgrund des oberen Schranke Charakters der FE-Lösung liegt die numerisch berechnete Kurve wieder etwas höher. Ein Vergleich der maximalen Umformkräfte beim Stauchen der geschmierten (Bild 45; μ = 0,05) und der ungeschmierten Probe (Bild 44; μ = 0,34) zeigt, daß zur Stauchung der ungeschmierten Probe eine 19 % höhere Maximalkraft erforderlich ist.

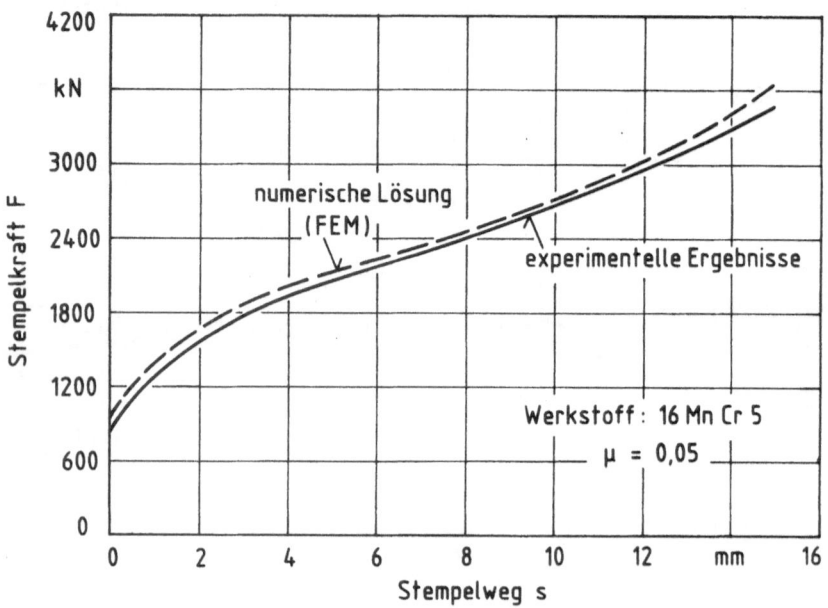

Bild 45: Experimentell ermittelter Kraft-Weg-Verlauf beim Stauchen einer geschmierten Probe.

In Bild 46 ist der Anteil der Reibungsleistung zur gesamten Umformleistung bei den unterschiedlichen Reibverhältnissen aufgetragen. Die Werte wurden für die geschmierte (μ = 0,05; durchgezogene Linie) und die ungeschmierte Probe (μ = 0,34; gestrichelte Linie) in Abhängigkeit vom Stempelweg rechnerisch ermittelt und in Prozenten ausgedrückt. Zu Beginn der Umformung liegt der Anteil der Reibungsleistung zur Gesamtleistung bei ca. 2,4 % (μ = 0,05) bzw. 4,9 % (μ = 0,34). Dieser Anteil erhöht sich mit fortschreitender Stauchung beträchtlich und erreicht Endwerte (Stempelweg: 15 mm) von 5,7 % (μ = 0,05) und 17,2 % (μ = 0,34). Der Reibungseinfluß wirkt sich also mit zunehmender Umformung immer stärker aus und verzeichnet außerdem einen überproportionalen Anstieg bei erhöhter Reibzahl.

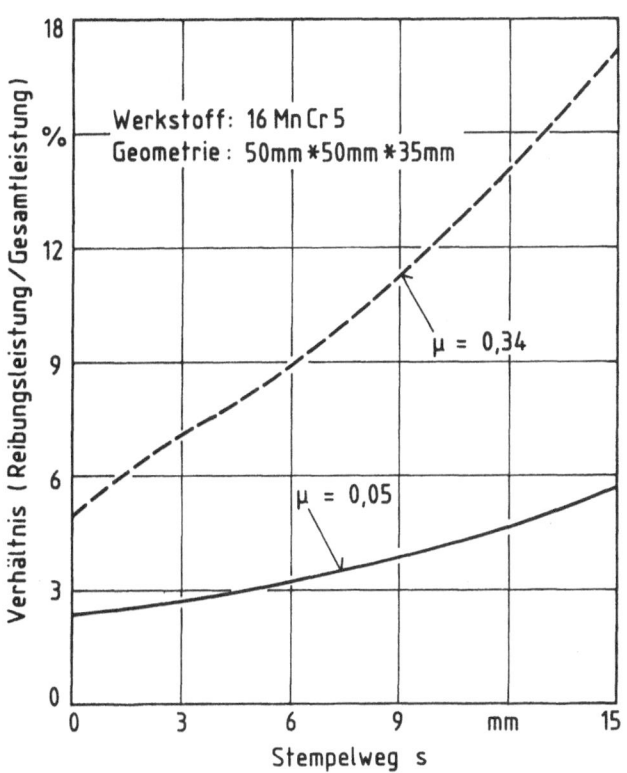

Bild 46: Verhältnis der Reibungsleistung zur Gesamtleistung für unterschiedliche Reibzahlen.

7.2 KONTURVERGLEICHE

Eine weitere Vergleichsmöglichkeit mit dem Experiment zur Überprüfung der Simulationsergebnisse bietet eine Gegenüberstellung von experimentell und numerisch ermittelten Probenkonturen während und nach der Umformung. Solche Vergleiche wurden beim Stauchen der ungeschmierten Probe (siehe Kap. 7.1) mit einer Reibzahl $\mu = 0,34$ durchgeführt. Durch die Stauchung unter Verwendung der hohen Reibzahl ist der Vorgang inhomogener, d.h. das Werkstück baucht stärker aus. Daher ergeben sich kompliziertere Außenkonturen, wodurch der experimentell-numerische Vergleich aussagekräftiger wird.

Bild 47 zeigt den Verlauf der Werkstückkontur von fünf verschiedenen Proben in der gekennzeichneten Mittelebene A für unterschiedliche Höhenabnahmen. Die mit einer dreidimensionalen Meßmaschine der Fa. Zeiss gemessenen Konturen sind gestrichelt aufgetragen. Die numerisch berechneten Konturverläufe werden mit einer durchgezogenen Linie dargestellt. Das erste Teilbild zeigt die Ausgangskontur des Werkstücks für die Anfangshöhe $h_o = 35$ mm. Für die Zwischenhöhen $h = 32$ mm und $h = 29$ mm sind die Konturunterschiede sehr gering, während sich für $h = 26$ mm und $h = 23$ mm etwas größere Abweichungen ergeben. Nach dem unteren linken Teilbild zeigt der Werkstoff nicht völlig isotropes Verhalten, da die Ausdehnung in y-Richtung etwas größer als diejenige in x-Richtung ist. Dies erklärt die eben erwähnten Abweichungen. Die Kontur der Endhöhe $h = 20$ mm weist lediglich in den Eckenbereichen kleine Unterschiede auf.

In Bild 48 wird die gesamte Oberflächenkontur des berechneten Quaders (gerasterter Bereich) in verschiedenen Blickrichtungen für $\bar{h} = 14$ mm und $\bar{h} = 10$ mm gezeigt. Ferner ist die Kontur in der Schnittebene C dargestellt. Für $\bar{h} = 10$ mm weisen die Randelemente starke Verzerrungen auf. Diese Tatsache wird aufgrund der Darstellung in der Schnittebene C besonders deutlich. Die Draufsicht ($\bar{h} = 10$ mm) zeigt die starke Ausbauchung in der Mitte der äußeren Kanten. Im Bereich der vorderen rechten Ecke tritt dagegen nur eine geringe Ausbauchung auf. Dies entspricht der Ausbildung der realen Probenoberfläche nach Bild 49 ($\bar{h} = 10$ mm). In diesem Bild sind die einzelnen realen Werkstücke nach Stempelwegen von jeweils 3 mm dargestellt. Das obere linke Teilbild zeigt die Ausgangsprobe mit den Kantenlängen von 50 mm und der Höhe von 35 mm. Insgesamt ist festzustellen, daß die im Experiment auftretenden Werkstückkonturen gut mit denen der numerischen Rechnung übereinstimmen.

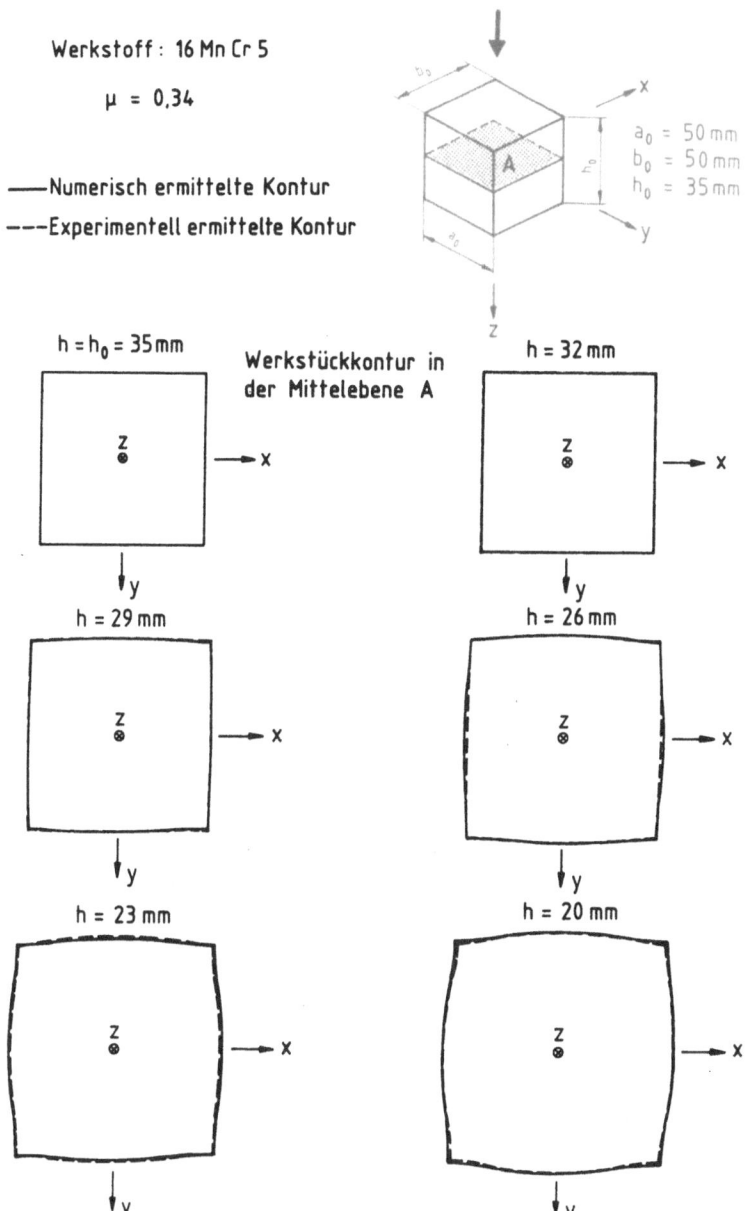

Bild 47: Experimentell-numerischer Vergleich der Werkstückkontur in der Mittelebene.

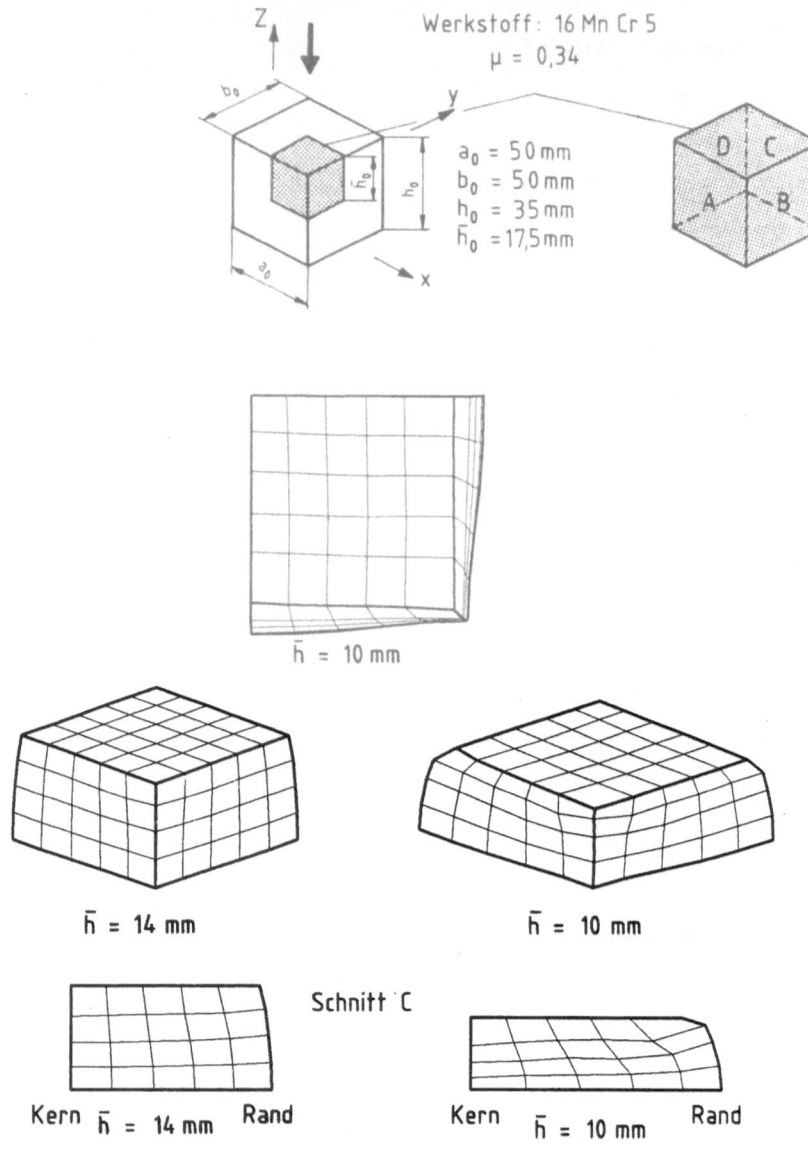

Bild 48: Numerisch ermittelte Werkstückkonturen beim Stauchen eines Quaders ohne Schmierstoff.

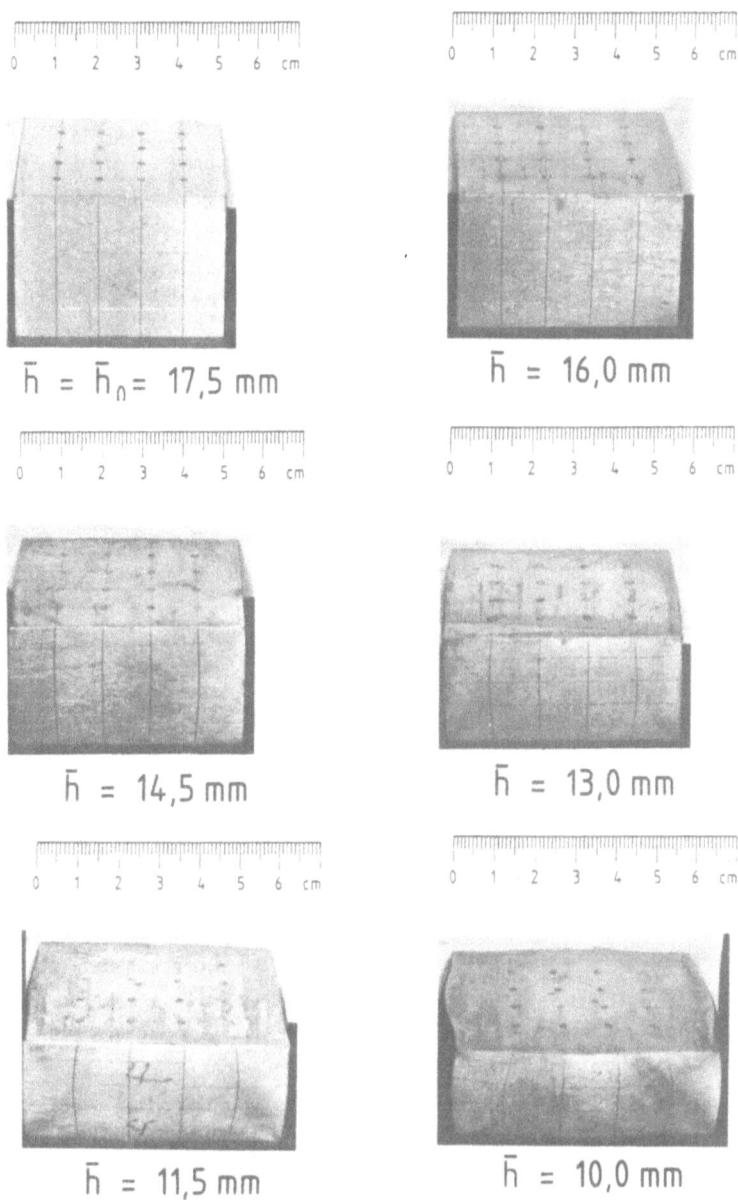

Bild 49: Werkstückkonturen beim Stauchen eines Quaders ohne Schmierstoff (Werkstoff: 16MnCr5).

7.3   VISIOPLASTICITY

Die Methode der "Visioplasticity" ist ein experimentell-theoretisches
Verfahren der Plastomechanik. Diese Methode erlaubt die Bestimmung von
Größen, die den Stofffluß kennzeichnen. Das Fließverhalten wird anhand von
Werkstoffmarkierungen erfaßt, deren Lageänderungen u.a. Aufschluß über die
örtlich auftretenden Vergleichsformänderungen geben. Die theoretischen
Grundlagen des Verfahrens sind in /2/ beschrieben. Im Rahmen dieser Arbeit
wurde ein von Hüfner /116/ erstelltes Visioplasticity-Programmsystem auf
das Stauchen der ungeschmierten Quaderproben (μ = 0,34; Stahl 16MnCr5)
angewendet (siehe Abschnitte 7.1 und 7.2). Die Vergleichsformänderungsver-
teilungen der realen Werkstücke nach Bild 49 wurden in den Mittelebenen der
Proben (Bild 50; Schnittebene E) bestimmt und mit der Finite-Elemente-
Lösung verglichen. Das Aufbringen der Werkstoffmarkierungen für die sechs
Quader nach Bild 49 erfolgte mit jeweils 16 Bohrungen (Bohrungsdurchmesser:
1,5 mm) in 10 mm Abständen sowie einem Liniennetz auf der Werkstückoberfläche. In die Bohrungen wurden anschließend passende Stahlschweißdrähte
gesteckt.

Die Proben wurden dann auf einer hydraulischen Presse (Sack & Kiesselbach)
auf fünf unterschiedliche Endhöhen in Abständen von jeweils 3 mm gestaucht
(Bild 49). Nach der Versuchsdurchführung wurden die Werkstücke in der
Mittelebene, senkrecht zur Stauchrichtung, geteilt und die Markierungen
(Drahtmittelpunkte und äußere Randpunkte des Liniennetzes) in dieser
Schnittebene mit Hilfe eines Meßmikroskopes vermessen. Auf diese Weise
konnten die Verschiebungen der einzelnen Markierungen während des Umformvorgangs ermittelt werden. Die Auswertung dieser Meßdaten zur Bestimmung
der Vergleichsformänderungsverteilung ließ sich mit dem oben erwähnten
Programmsystem durchführen. Um den instationären Werkstofffluß zu berücksichtigen, war der gesamte Vorgang in einzelne quasi-stationäre Schritte zu
unterteilen. Die auf die unterschiedlichen Höhen gestauchten Körper
gleicher Ausgangsgeometrie nach Bild 49 charakterisieren solche quasi-
stationären Zwischenzustände. Zur Ermittlung der Vergleichsformänderungen
sind die für jeden Zwischenzustand berechenbaren Vergleichsformänderungsgeschwindigkeiten in Analogie zum Finite-Elemente-Verfahren (Gl.(38b)) über
die Zeit zu integrieren bzw. über die Zeitinkremente aufzusummieren.

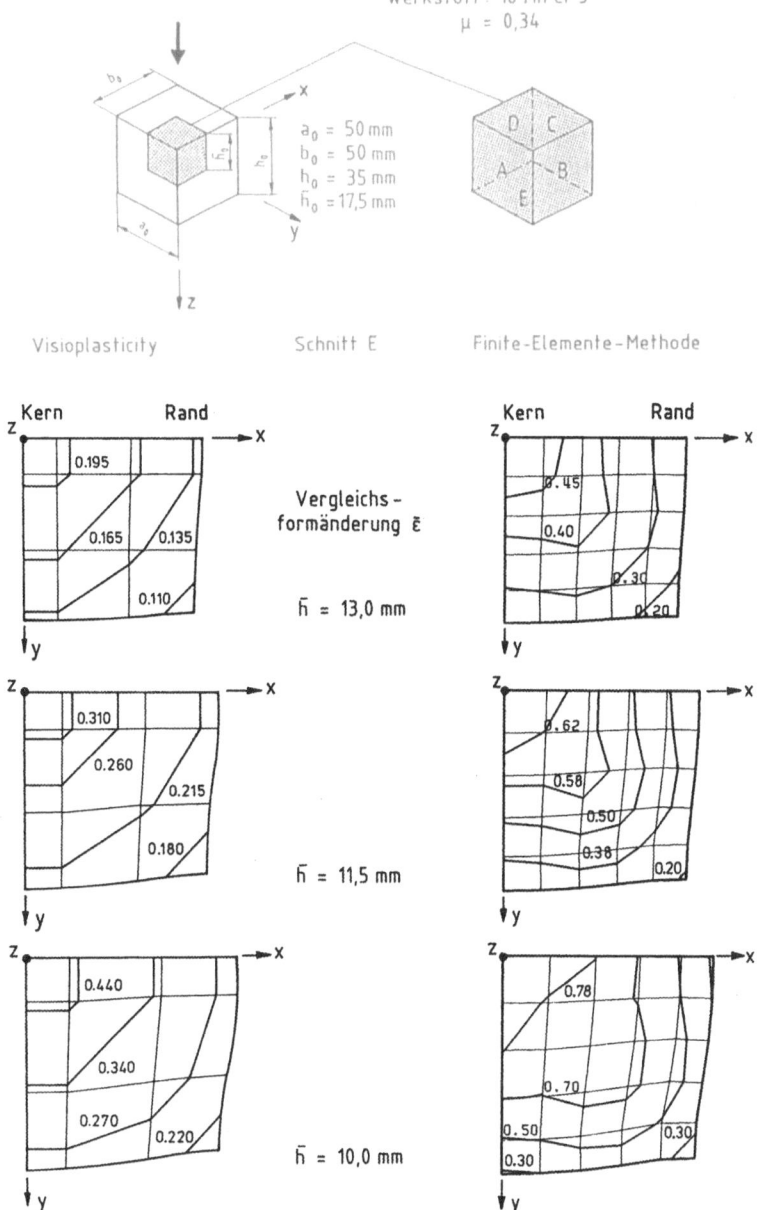

Bild 50: Vergleichsformänderungsverteilung in der Mittelebene der Proben
(Visioplasticity - Finite Elemente Methode).

Die örtlichen Vergleichsformänderungen sind nach Stempelwegen von 9 mm ($\overline{h}$ = 13 mm), 12 mm ($\overline{h}$ = 11,5 mm) und 15 mm ($\overline{h}$ = 10 mm) in der mittleren Schnittebene E (Bild 50) aufgetragen. Auf der linken Bildseite sind die Visioplasticity-Lösungen dargestellt, rechts zum Vergleich die Finite-Elemente-Lösungen. Die größten Vergleichsformänderungen treten erwartungsgemäß im Kern auf und fallen zur Seite kontinuierlich ab (siehe Bilder 20 und 25). In der Tendenz stimmen die Ergebnisse beider Verfahren überein. Bezogen auf die absoluten Werte ergeben sich allerdings Unterschiede. Dies war zu erwarten, da zur experimentell-numerischen Untersuchung nach Bild 50 lediglich neun Markierungspunkte für ein Viertel der Mittelfläche zur Verfügung standen (vier Drähte; fünf Randpunkte des Liniennetzes). Ferner wurde der instationäre Umformvorgang durch die in Bild 49 gezeigten 5 Stauchstufen (quasi-stationäre-Schritte), d.h. mit lediglich 5 Zeitschritten (FEM: 150 Zeitschritte), angenähert. Diese geringe Anzahl von Meßpunkten bzw. Freiheitsgraden und Zeitinkrementen läßt nur grobe Aussagen über die tatsächliche Größe der zu bestimmenden Werte zu, so daß die tendenzielle Übereinstimmung wesentlicher ist. Versuchstechnisch konnten wegen der Beeinflussung des Werkstoffflusses und der Gefahr von Rißbildung nicht mehr Bohrungen eingebracht werden. Mit Hilfe der zur Verfügung stehenden versuchstechnischen Einrichtungen war es darüber hinaus nicht möglich, Löcher mit einem kleineren Durchmesser als 1,5 mm auf die Tiefe von 35 mm zu bohren. Für die Endhöhe $\overline{h}$ = 10 mm ergeben sich im Kernbereich Vergleichsformänderungen von 0,78 (FEM) bzw. 0,44 (Visioplasticity), die zum Rand auf 0,3 (FEM) und 0,22 (Visioplasticity) abnehmen. Im Fall eines reibungsfreien und homogenen Stauchvorgangs ergibt sich für $\overline{h}$ = 10 mm ($\overline{h}_0$ = 17,5 mm) nach Gl.(43b) ein Vergleichsumformgrad von $\overline{\varphi}$ = 0,56. Dies führt zu einem Widerspruch, da die mittels Visioplasticity ermittelten Vergleichsformänderungen im gesamten Bereich geringere Werte annehmen. Bei der FEM-Lösung treten dagegen im Kern erwartungsgemäß Vergleichsformänderungen $\overline{\varepsilon} > \overline{\varphi}$ und im Randbereich $\overline{\varepsilon} < \overline{\varphi}$ auf. Pohl /10/ stellte beim Stauchen eines Zylinders ebenfalls fest, daß das Verhältnis $\overline{\varepsilon}/\overline{\varphi}$ im Kern deutlich größer als eins ist und zum Rand stetig abnimmt.

Die beschriebene experimentelle Vorgehensweise ermöglicht im Prinzip eine Auswertung in verschiedenen Ebenen und damit eine vollständige dreidimensionale Analyse. Das verwendete Visioplasticity-Programmsystem war allerdings nur für eine Auswertung in der Mittelebene ausgelegt. Eine weitere Möglichkeit zur Aufbringung von Markierungen bietet die Teilung der Probe und das mechanische Aufritzen eines Liniennetzes. Diese Vorgehensweise läßt

sich aber lediglich für Symmetrieebenen realisieren, bei denen keine zu
übertragenden Schubspannungen auftreten. Damit wären dreidimensionale
Analysen nicht durchführbar. Es besteht ferner die Gefahr, daß das
Werkstück während des Stauchens seitlich aufklafft, da Zugspannungen σ_{zz}
am Rand auftreten können. Dies wird umso wahrscheinlicher, je stärker die
Ausbauchung ist, d.h. je größer die Reibzahl und der Umformgrad sind.

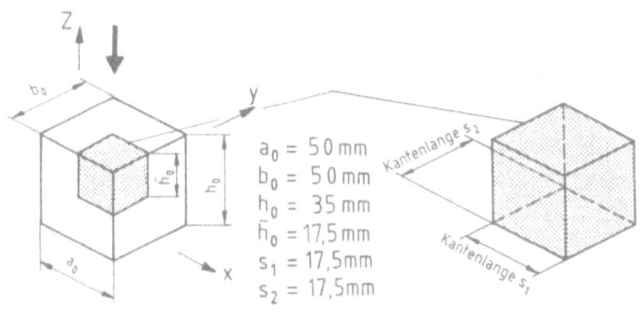

$$a_0 = 50\,mm$$
$$b_0 = 50\,mm$$
$$h_0 = 35\,mm$$
$$\bar{h}_0 = 17{,}5\,mm$$
$$s_1 = 17{,}5\,mm$$
$$s_2 = 17{,}5\,mm$$

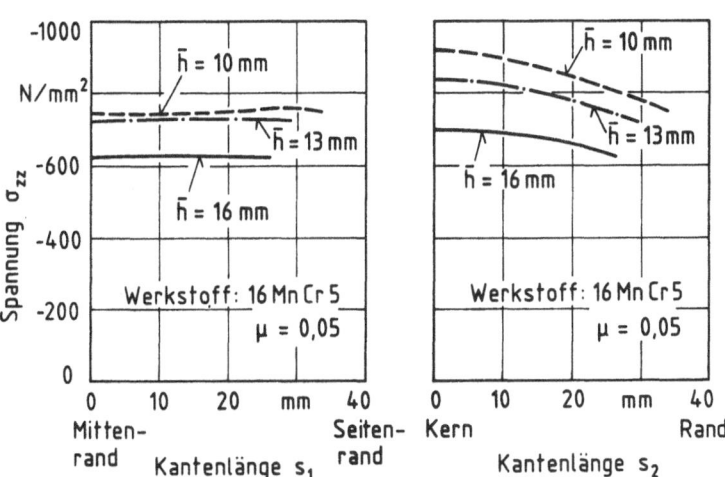

Bild 51: Verlauf der Normalspannungen σ_{zz} in der Mittelebene (geschmierte
Probe).

Bild 51 zeigt die Normalspannungsverteilung σ_{zz} über die im Bild gekennzeichneten Kanten mit den Kantenlängen s_1 und s_2. Der Stauchvorgang wurde mit der geschmierten Probe ($\mu = 0,05$; siehe Kap. 7.1) durchgeführt. Für die äußere Probenkante s_1 ergeben sich nahezu konstante Verläufe von - 620 N/mm² ($\overline{h} = 16$ mm), - 730 N/mm² ($\overline{h} = 13$ mm) und - 750 N/mm² ($\overline{h} = 10$ mm). Die Druckspannungen werden mit fortschreitender Umformung demnach größer. Diese Tendenz ist verständlich, da die mit Schmierstoff versehene Probe nur wenig ausbaucht. Es besteht bei diesem Vorgang demnach nicht die Gefahr, daß die Probe während der Umformung seitlich aufklafft. Für die Kante s_2 nehmen die Druckspannungen während des Vorgangs ebenfalls immer höhere Werte an und sind im Kern größer als am Rand. Im Kern ergeben sich für die Endhöhe $\overline{h} = 10$ mm Werte von - 920 N/mm² und am Rand von - 750 N/mm² (siehe oben). Dies bedeutet eine Abweichung von ca. 18 %.

Die Normalspannungsverläufe σ_{zz} der visioplastisch ausgewerteten Stauchvorgänge ungeschmierter Proben ($\mu = 0,34$) sind in Bild 52 dargestellt. Für $\overline{h} = 16$ mm und $\overline{h} = 13$ mm ergeben sich Druckspannungen zwischen - 500 N/mm² und - 600 N/mm² (Kante s_1). Diese Werte sinken im Bereich des Mittenrandes für die Endhöhe $\overline{h} = 10$ mm auf ein Minimum von ca. - 140 N/mm². Im Bereich des Seitenrandes ergeben sich höhere Druckspannungen mit einem Maximum bei etwa - 530 N/mm². In Bild 48 ist für $\overline{h} = 10$ mm (Draufsicht; oberes Teilbild) deutlich zu erkennen, daß die Probe am Mittenrand wesentlich stärker ausbaucht als am Seitenrand (siehe auch Bild 49; Teilbild unten rechts). Daher müssen die Druckspannungen dort kleiner werden und sich dem Zugbereich nähern. Für diesen Vorgang ist zu erwarten, daß bei einer Stauchung auf eine Endhöhe $\overline{h} < 10$ mm im Bereich des Mittenrandes Zugspannungen auftreten und dort zu einer Aufklaffung führen. Im Kantenbereich s_2 ergeben sich im Kern maximale Druckspannungen, die deutlich über denen am Rand liegen. Die Maximalwerte steigen mit zunehmender Höhenabnahme von - 1000 N/mm² ($\overline{h} = 16$ mm) auf - 1340 N/mm² ($\overline{h} = 13$ mm) und - 1710 N/mm² ($\overline{h} = 10$ mm). Am Rand ist die Tendenz gegenläufig, mit Druckspannungen von - 520 N/mm² ($\overline{h} = 16$ mm), - 500 N/mm² ($\overline{h} = 13$ mm) und - 160 N/mm² ($\overline{h} = 10$ mm). Für $\overline{h} = 10$ mm ergeben sich im Kern etwa 11 mal höhere Druckspannungen als am Rand. Das Verhältnis der Randspannungen zu den Spannungen im Kern ist hier also viel stärker ausgeprägt als beim Stauchen der geschmierten Proben nach Bild 51.

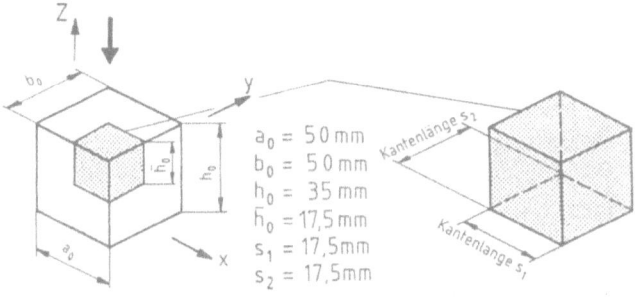

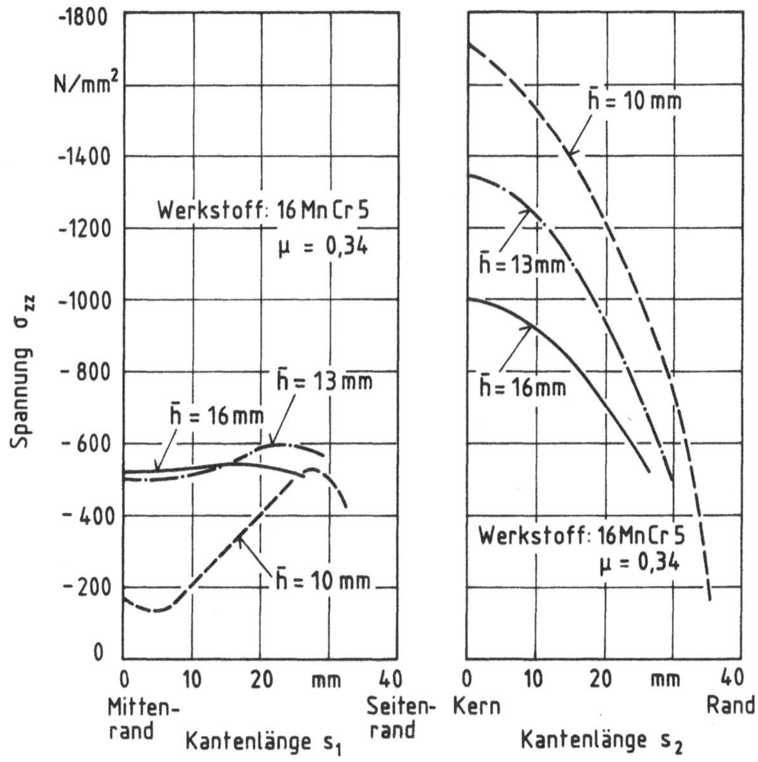

Bild 52: Verlauf der Normalspannungen σ_{zz} in der Mittelebene (ungeschmierte Probe).

7.4 ÖRTLICHE TEMPERATURERHÖHUNGEN

Die zeitlichen Temperaturverläufe sollten im Stauchkörper (Werkstoff: 16MnCr5; Geometrie: 50 mm * 50 mm * 35 mm) meßtechnisch erfaßt und mit den Rechenwerten verglichen werden. Dazu wurden Miniatur-Mantel-Thermoelemente in die Probe eingebracht (Bild 53). Zur Beschreibung der Meßmethode sei auf Pohl /10/ verwiesen, der die Temperaturerhöhung beim Kaltstauchen von zylindrischen Proben ermittelte. In Bild 53 ist die Lage der einzelnen Meßpunkte im Quader gekennzeichnet. Das erste Thermoelement wurde im Kern angebracht (Meßpunkt P_1), das zweite 5 mm von der seitlichen Probenmitte (Meßpunkt P_2). Das dritte Thermoelement sitzt 3,5 mm unterhalb der Stirnflächenmitte (Meßpunkt P_3), das vierte im oberen Randbereich, 3,5 mm unterhalb der Stirnfläche und 5 mm von der Seitenfläche entfernt.

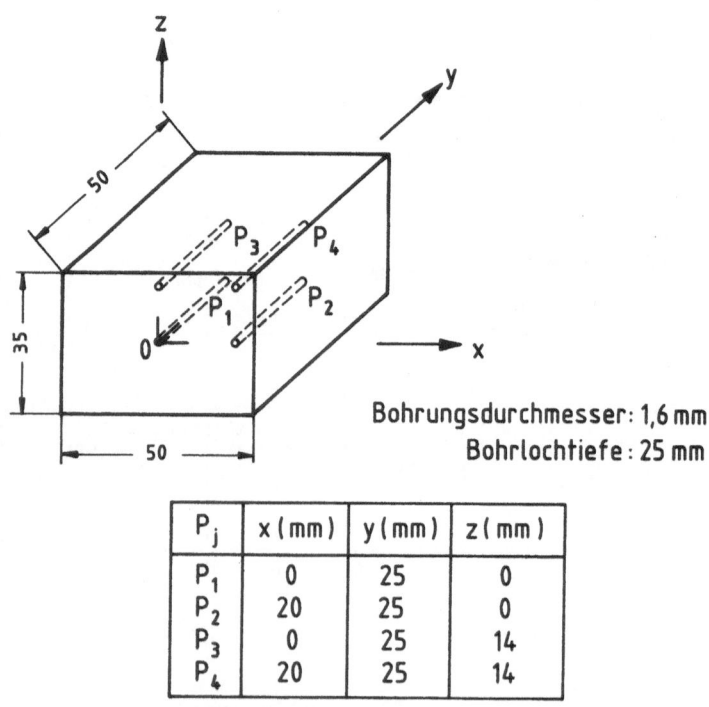

Bohrungsdurchmesser: 1,6 mm
Bohrlochtiefe: 25 mm

P_j	x (mm)	y (mm)	z (mm)
P_1	0	25	0
P_2	20	25	0
P_3	0	25	14
P_4	20	25	14

Bild 53: Kennzeichnung der Meßpunkte im Quader zur Temperaturermittlung (Werkstoff: 16MnCr5).

Die einzelnen Kaltstauchvorgänge wurden als adiabat vorausgesetzt und die Erwärmung infolge von Reibungsenergie blieb unberücksichtigt (siehe Kap. 6.6). Ferner wurde angenommen, daß sich die zugrunde liegende Kaltfließkurve nach Bild 41 während des Erwärmens nicht verändert. Für die Versuche wurden die Proben geschmiert (μ = 0,05; siehe Abschnitt 7.1), um den Einfluß der Reibung auf die Erwärmung klein zu halten. Der Anteil der Reibungsleistung zur Gesamtleistung ist gering und liegt für μ = 0,05 bei 2,5 % bis 5,5 % (Bild 46).

Der Vorgang des Wärmeausgleichs im Innern des Körpers sollte bei unterschiedlichen Vorgangszeiten beobachtet werden. Daher wurden die Proben auf zwei unterschiedlichen Pressen von der Ausgangshöhe h_o = 35 mm auf die Endhöhe h = 20 mm gestaucht. Der Vorgang benötigte auf der mechanischen Presse (Maypres) lediglich 0,5 s und auf der hydraulischen Presse (Sack & Kiesselbach) 13 s. Die beiden Zeit-Weg-Verläufe sind in Bild 54 dargestellt.

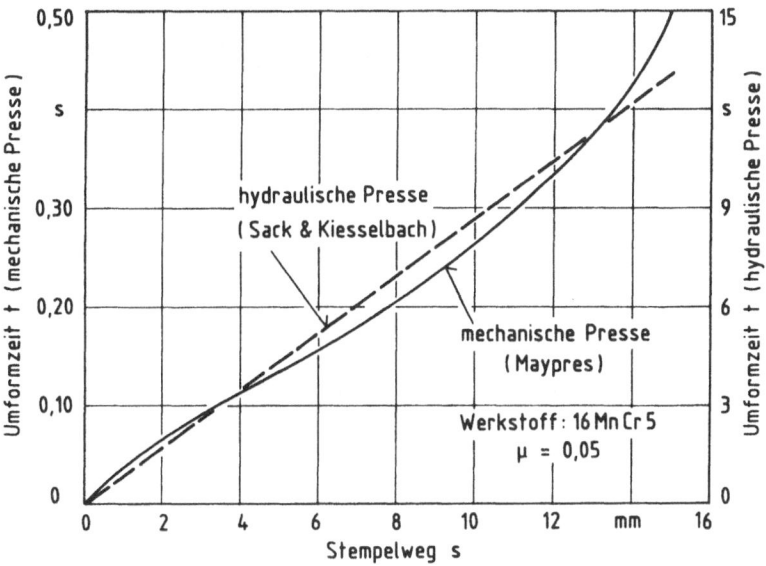

Bild 54: Zeit-Weg-Verläufe beim Stauchen mit einer hydraulischen und einer mechanischen Presse.

Bild 55 zeigt die gemessenen und gerechneten Temperaturverläufe an den Meßpunkten P_1 und P_2. Der Vorgang wurde auf der mechanischen Presse durchgeführt. Für die Rechnung wurde der Weg-Zeit-Verlauf nach Bild 54 in PLADAN eingegeben. Die Werkstoffkenndaten zur Temperaturfeldberechnung wurden aus der Literatur entnommen /85,111/ und sind in Bild 55 angegeben. Für die Berechnung wurden die einzelnen Stoffwerte als konstant angenommen. Zur Abhängigkeit dieser Werte von den verschiedenen Parametern sei auf Kap. 8 verwiesen. Im betrachteten Temperaturbereich ist die Annahme von konstanten Mittelwerten gerechtfertigt. Pohl /10/ stellte beim Kaltstauchen von Zylindern aus Stahl Ck 15 (ähnlicher Temperaturbereich) Vergleichsrechnungen mit Mittelwerten und temperaturabhängigen Stoffwerten an, was auf praktisch gleiche Ergebnisse führte. Die durchgezogenen Linien kennzeichnen die numerisch ermittelten Temperaturverläufe. Die gemessenen Temperaturen sind in Bild 55 mittels Kreuzen für Meßpunkt P_1 und Vierecken für Meßpunkt P_2 dargestellt. Die Anfangstemperatur der bei Raumtemperatur gestauchten Proben betrug 20°C. Bei Betrachtung der numerisch ermittelten

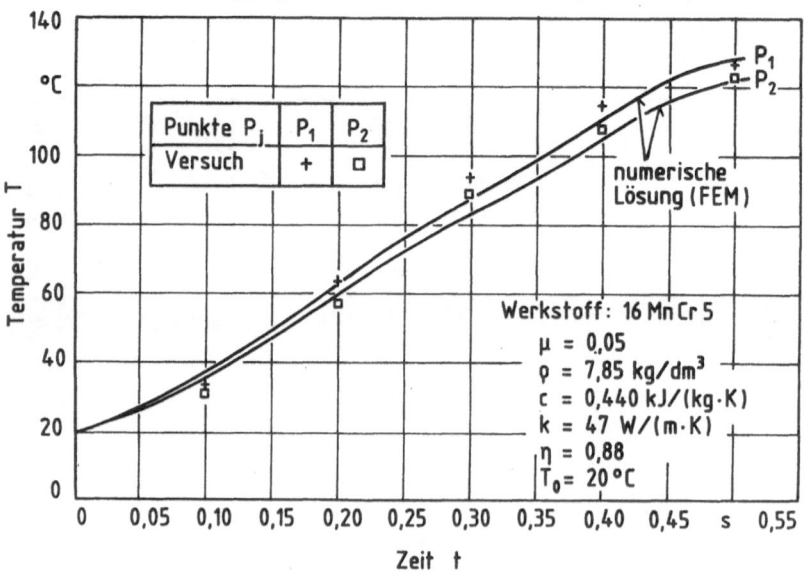

Bild 55: Temperaturverlauf an den Meßpunkten 1 und 2 während des Stauchens auf einer mechanischen Presse.

Temperaturverläufe ist zu erkennen, daß die Temperaturen am Meßpunkt P_1 (Kern) höher liegen als diejenigen am Meßpunkt P_2 (Mitte Seitenfläche). Die Probe hat sich am Ende des Vorgangs auf etwa 127°C im Kern bzw. 122°C im Bereich der seitlichen Mitte erwärmt. Da die Probe im Kern stärker umgeformt wird, muß sich dort auch eine höhere Temperatur ergeben (Schmiedekreuz; siehe Kap. 6.6). Im Rahmen der Meßgenauigkeit ist eine gute Übereinstimmung zwischen Experiment und Simulation festzustellen. Während der kurzen Vorgangsdauer von 0,5 s ist die Wärmeabgabe an die Umgebung gering und damit die Voraussetzung des adiabat angenommenen Vorgangs gerechtfertigt. Aufgrund des oberen-Schranke-Charakters stellen die numerisch ermittelten Temperaturverläufe eine obere Schranke dar und sollten demzufolge überall oberhalb der experimentell ermittelten Werte liegen. Dies ist nach Bild 55 im Zeitbereich von 0,2 s bis 0,45 s nicht der Fall. Eine Ursache hierfür ist die fehlende Berücksichtigung der Wärmeenergie aufgrund der Reibung. Ferner ist nicht bekannt, ob der Anteil der in Wärme umgewandelten Verformungsenergie für alle Stahlwerkstoffe gleich ist und während des Umformvorgangs konstant bleibt, oder sich eventuell erhöht /117/. Hier müssen weitergehende experimentelle Untersuchungen erst Aufschluß bringen.

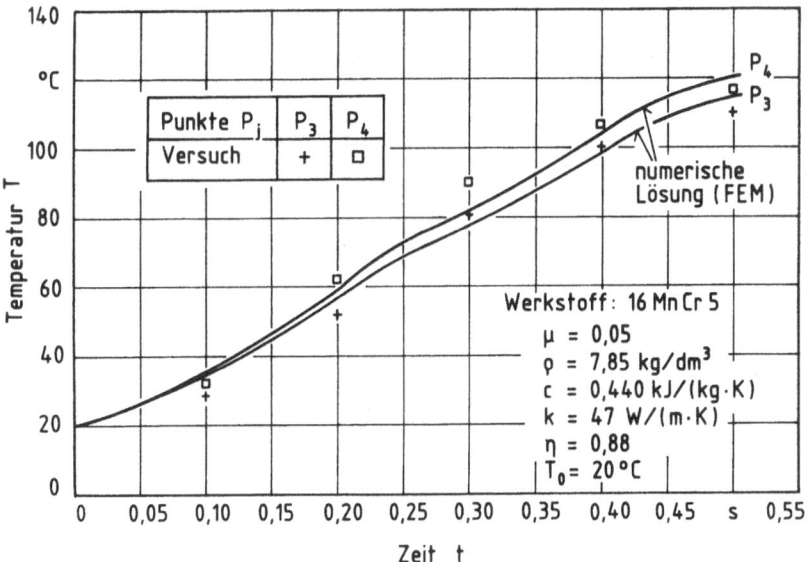

Bild 56: Temperaturverlauf an den Meßpunkten 3 und 4 während des Stauchens auf einer mechanischen Presse.

In Bild 56 sind die numerisch und experimentell ermittelten Temperaturen für die Meßpunkte P_3 und P_4 aufgetragen. Die numerisch bestimmte Temperatur in Randnähe (Meßpunkt P_4) beträgt am Ende des Vorgangs ca. 121°C. Im Bereich der Stirnflächenmitte tritt eine geringere Temperatur von ca. 115°C auf (Schmiedekreuz). Die Übereinstimmung zwischen Experiment und Simulation ist ähnlich gut wie diejenige nach Bild 55. Die etwas höher liegenden gemessenen Temperaturen im Bereich von 0,2 s bis 0,4 s lassen sich wie zuvor begründen. Der geringere reale Temperaturanstieg am Ende des Vorgangs ist durch die bei der Rechnung vernachlässigte Wärmeabgabe an die Umgebung zu erklären.

Den Temperaturverlauf für die Umformung auf der hydraulischen Presse zeigt Bild 57. Der Weg-Zeit-Verlauf wurde nach Bild 54 in PLADAN eingegeben. Die berechnete Endtemperatur im Kern beträgt etwa 122°C (Meßpunkt P_1), diejenige in Nähe der mittleren Seitenfläche ca. 121°C. Die Temperaturdifferenzen sind also kleiner geworden im Vergleich zu Bild 55. Der fortgeschrittene Wärmeausgleich im Inneren des Körpers bei längerer Vorgangsdauer begründet diese Tatsache. Die gemessene Endtemperatur ist ca.

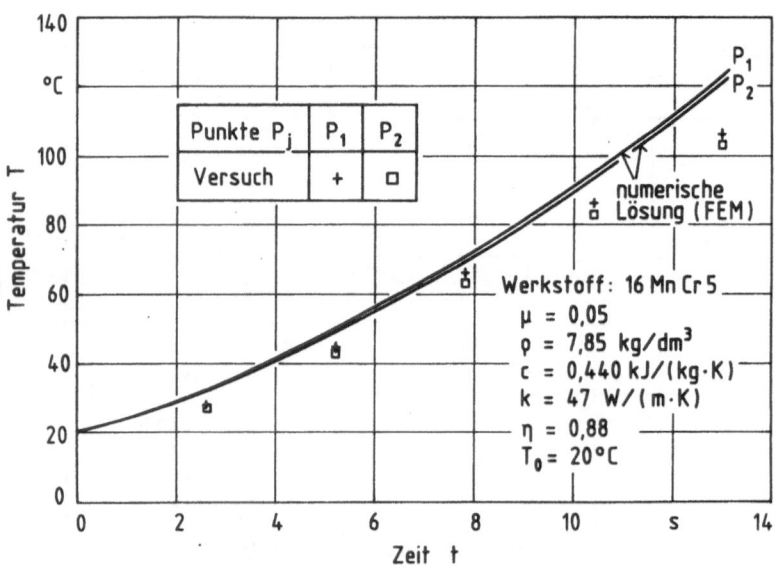

Bild 57: Temperaturverlauf an den Meßpunkten 1 und 2 während des Stauchens auf einer hydraulischen Presse.

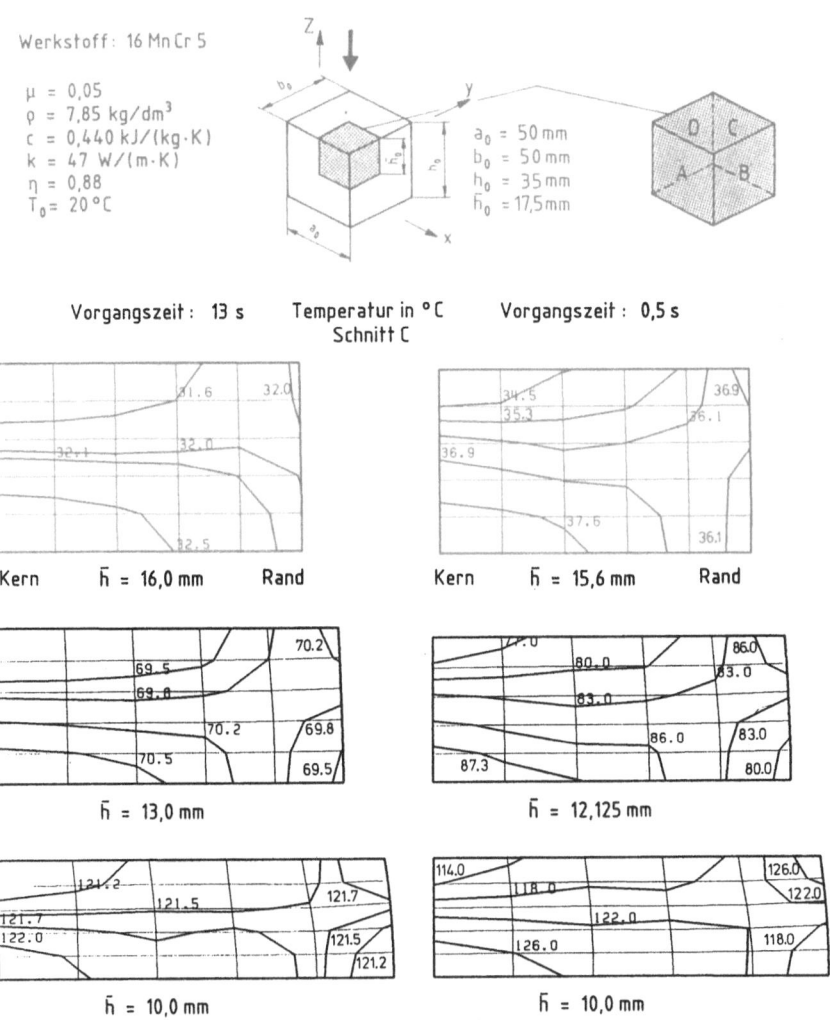

Bild 58: Temperaturverläufe in der Schnittebene C beim Stauchen mit einer hydraulischen Presse (Vorgangsdauer: 13 s) und einer mechanischen Presse (Vorgangsdauer: 0,5 s).

104°C für Meßpunkt P_1 und 103°C für Meßpunkt P_2. Es ergeben sich demzufolge Abweichungen von 18 K gegenüber der numerischen Lösung. Bild 57 ist zu entnehmen, daß die Differenz zwischen gemessenen und berechneten Temperaturen mit fortschreitender Umformdauer kontinuierlich größer wird, wobei die real auftretenden Temperaturen unterhalb den numerisch ermittelten liegen. Dieses Ergebnis war zu erwarten, da bei der langen Dauer des Vorgangs die adiabate Voraussetzung nicht mehr gilt, weil die Wärmeabgabe an die Umgebung nicht mehr zu vernachlässigen ist. Die experimentell bestimmten Temperaturdifferenzen zwischen P_1 und P_2 stimmen während des gesamten Vorgangs gut mit denen der Simulation überein.

Bild 58 zeigt die numerisch berechneten Temperaturverläufe in der Schnittebene C für unterschiedliche Höhenabnahmen. Auf der linken Bildhälfte sind die Verläufe beim Stauchen auf der hydraulischen Presse (Vorgangsdauer: 13 s), rechts auf der mechanischen Presse (Vorgangsdauer: 0,5 s) dargestellt. Für $\overline{h}$ = 10 mm treten beim Stauchen mit der hydraulischen Presse (mechanischen Presse) im Kern etwa 122°C (126°C), am Rand 121,7°C (126°C), im Bereich Mitte Stirnfläche 121,2°C (114°C) und in der seitlichen Mitte 121,2°C (118°C) auf (Schmiedekreuz). Der auftretende Temperaturgradient im Werkstück bei kürzerer Umformdauer ist erwartungsgemäß deutlich größer (siehe Kap. 6.6).

Die Prozeßsimulation mit Hilfe der Methode der finiten Elemente ist das zur
Zeit leistungsfähigste Untersuchungsmittel für Verfahren der Massivumformung. Bevor es allgemein in der industriellen Praxis eingesetzt werden
kann, sind noch bestimmte Bedingungen zu erfüllen und eine Reihe von
Schwierigkeiten und Schwachstellen zu beseitigen /21,118,119/.

Der Einsatz von Simulationsverfahren in der industriellen Praxis setzt
einen benutzerfreundlichen Aufbau des Programmsystems voraus. Für eine
effiziente und zeitsparende Dateneingabe, Ergebnisausgabe und -auswertung
sind Kopplungen zu sogenannten Pre- und Postprozessoren und zukünftig auch
zu CAD-Systemen erforderlich. Zur Zeit existieren noch keine "intelligenten
Prozessoren" /21/, die in der Lage wären, theoretisch weniger versierten
Benutzern Entscheidungen und Interpretationen abzunehmen, die Spezialkennt-
nisse der FEM und der Kontinuumsmechanik erfordern. Die Programme müssen
außerdem modular aufgebaut sein, um problemlos Erweiterungen hinsichtlich
benutzerspezifischer Programmteile zu ermöglichen.

In Kap. 6.3 wurde auf numerische Schwierigkeiten bei zu stark verzerrten
Elementen hingewiesen. In solchen Fällen kann nur eine örtliche Netzneugenerierung (Remeshing) wirkungsvolle Abhilfe schaffen. Für praxisrelevante
dreidimensionale Umformvorgänge sind noch keine "Remeshing-Module" in
allgemeiner Form bekannt. Ebensowenig sind gegenwärtig allgemeine dreidimensionale Kontaktprozessoren vorhanden, um die komplizierten Anlege- und
Ablösevorgänge in den Kontaktzonen zwischen Werkstück und Werkzeug zu
behandeln.

Die Rechnersimulationstechniken werden in der Praxis nur dann langfristig
eingesetzt, wenn sie sich wirtschaftlicher als Experimente durchführen
lassen. Berechnungen dreidimensionaler Vorgänge wurden erst durch die seit
kurzem zur Verfügung stehenden Größtrechner (z.B. CRAY 2, CYBER 205)
möglich. Die Rechenzeiten und -kosten für solche Vorgänge sind zur Zeit
noch unvertretbar hoch (siehe Kap. 6.2). Im Vergleich zu den gleichbleiben-
den Kosten von Experimenten werden aber die Kosten für die Rechnersimula-
tion in der Zukunft voraussichtlich abnehmen. Diese Tendenz wird in Bild 59
verdeutlicht. Das Bild wurde aufgrund von Informationen des Regionalen
Rechenzentrums der Universität Stuttgart und der Firmen CDC und CRAY
erstellt. Es zeigt die Entwicklung von Größtrechnern, die durch immer

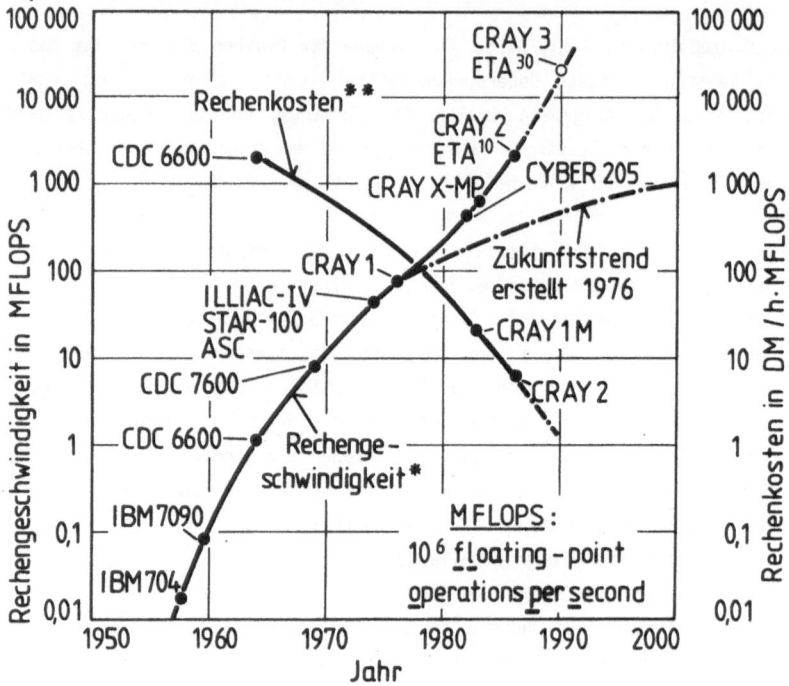

Bild 59: Leistungs- und Kostenentwicklung von Hochleistungsrechnern
/* Priv. Mitteilung der Firmen CDC und CRAY; ** Priv. Mitteilung
des Rechenzentrums der Universität Stuttgart/.

höhere Rechengeschwindigkeiten bei niedrigeren Kosten gekennzeichnet ist.
Danach kann gegenwärtig von einer Verzehnfachung der Leistung von
Großrechenanlagen alle sieben bis acht Jahre und einer entsprechenden
Kostensenkung ausgegangen werden. Durch Anwendung der Prozeßsimulation sind
daher langfristig durch Reduzierung von Vorversuchen und damit einer
Einsparung kostenintensiver Werkzeuge sowie verkürzter Entwicklungszeiten,
Kostenvorteile zu erwarten. Ferner läßt sich in bestimmten Fällen eine
höhere Produktqualität durch eine "numerische Optimierung" des Vorgangs und
der Werkzeuge erzielen /8,50/.

Im Rahmen der Finite-Elemente-Simulation werden die klassischen plastizi-
tätstheoretischen Ansätze (Lévy-Mises, Prandtl-Reuß) verwendet. In diesen
Modellen werden Phänomene wie die plastische Anisotropie oder die

anisotrope Verfestigung nicht berücksichtigt. Hier sollten zukünftige Forschungsarbeiten ansetzen. Speziell auf dem Gebiet der Warmmassivumformung haben aber die Erfahrungen gezeigt, daß die wesentlichen Einflüsse mit den o.g. klassischen Stoffgesetzen hinreichend genau erfaßt werden können /119/; zumindest ist der auftretende Fehler kleiner als solche Fehler, die sich aus unsicheren Stoffwerten und Randbedingungen ergeben. Die experimentelle Bestimmung von Stoffwerten ist mit großen Streuungen behaftet, die sich besonders stark auswirken, wenn große Temperaturbereiche betrachtet werden /111/. Für manche Werkstoffe existieren noch keine genauen Angaben, so daß mehr oder weniger gute Schätzwerte vorzugeben sind. Dies zeigt sich besonders deutlich für die Fließspannung, die bei einer Warmumformung von der Temperatur, der Vergleichsformänderung und der Vergleichsformänderungsgeschwindigkeit abhängt. Aufgrund der schwierigen Versuchsbedingungen muß mit Fehlern von 10 % bis 15 % gerechnet werden /119/. Ähnliche Probleme ergeben sich beim Bestimmen der Wärmeleitzahl und der spezifischen Wärmekapazität, die ebenfalls temperaturabhängig sind. Es ist ferner experimentell zu prüfen, ob der Anteil der in Wärme umgewandelten Verformungsenergie während der Umformung bei unterschiedlichen Temperaturen - wie meist angenommen - tatsächlich konstant bleibt /85,117/. Die Bestimmung der mechanischen und thermischen Randbedingungen erscheint noch problematischer. Es ist eindeutig bewiesen, daß sich die Reibzahl während eines Umformvorgangs sowohl lokal als auch zeitlich ändert. Die Reibzahl ist im allgemeinen Fall von der Normalspannung, von der Relativverschiebung der Kontaktpartner und von der Änderung der wahren Kontaktfläche abhängig. In der Regel wird mit einer gemittelten Reibzahl gerechnet, wie sie beispielsweise nach Bild 42 experimentell bestimmt wurde. Ähnliche Schwierigkeiten treten aufgrund vielseitiger unzugänglicher Parameter bei der Bestimmung der thermischen Randbedingungen auf. So ist die Wärmeübergangszahl bei Konvektion abhängig von der Oberfläche des Teiles und dem Umgebungsmedium. Die Emissionszahl ändert sich mit dem Werkstoff, der Temperatur und der Oberflächenrauheit. Die Kontaktwärmeübergangszahl hängt im allgemeinen Fall vom Stauchdruck, der Rauheit und Welligkeit der Oberflächen, der Art und Dicke der Oxidationsschicht, den Temperaturen der Kontaktpartner, dem Schmierstoff und der Druckberührzeit ab.

Im Zusammenhang mit der Bestimmung der Kenngrößen sei auf einen wichtigen Punkt hingewiesen: Die Simulationsrechnungen können die experimentellen Untersuchungen zum Bestimmen der Stoffwerte und Randbedingungen unterstützen. Falls Vergleichsmessungen (z.B. Kraft- oder Temperaturverläufe) vorliegen, können über ein "Tuning" /21/ die Kenngrößen so lange verändert werden, bis die rechnerisch bestimmten Kräfte und Temperaturen den gemessenen Werten entsprechen. Die numerische Simulation läßt in bestimmten Fällen Rückschlüsse auf experimentell ungenügend bestimmbare Kenngrößen zu und kann so zu deren Bestimmung mit eingesetzt werden.

Langfristig müssen Datenbanken für die Stoffwerte und die Kenngrößen zum Beschreiben der Randbedingungen erarbeitet werden, um das "numerische Werkzeug" der Prozeßsimulation überhaupt praxisnah einsetzen zu können.

Unabhängig von den oben geschilderten Mängeln ist der Einsatz der Prozeßsimulation bereits heute in der Praxis im Rahmen von "Sensibility"-Untersuchungen sichergestellt. Solche Untersuchungen dienen der Erfassung der Einflüsse unterschiedlicher Verfahrensparameter, wobei nur ein einziger Parameter variiert wird. Dies ist in der Regel bei experimentellen Studien nicht möglich. Die Vorgehensweise trägt zum Verständnis des Umformvorgangs und somit zur Optimierung bei.

9   AUSBLICK

Die beschriebene Näherungsmethode sollte zukünftig zur Behandlung dreidimensionaler Vorgänge mit komplizierterer Geometrie weiterentwickelt werden. Dazu sind ein effizientes Netzneugenerierungsverfahren und ein allgemeiner Kontaktmodul zu erstellen. Ferner sollte das Programmsystem auf nichtadiabate Umformvorgänge erweitert werden. Die Implementierung eines starrviskoplastischen Stoffgesetzes kann ohne großen Aufwand realisiert werden. Es sind lediglich geringe Modifikationen in der Elementsteifigkeitsroutine durchzuführen. Die Hardwareentwicklung läßt vermuten, daß in absehbarer Zeit praxisrelevante Umformvorgänge der Massivumformung wirtschaftlich und realitätsbezogen simuliert werden können. Eine wichtige Voraussetzung hierfür sind Versuche zur Erarbeitung von Datenbanken für die Stoffwerte und die Kenngrößen zum Beschreiben der Randbedingungen. Solche Datenbanken sollten für alle gängigen Werkstoffe angelegt werden.

Schrifttum

/1/ Roll, K.: Einsatz numerischer Näherungsverfahren bei der Berechnung von Verfahren der Kaltmassivumformung. Berichte aus dem Institut für Umformtechnik, Universität Stuttgart, Nr. 66. Berlin/Heidelberg/New York: Springer 1982.

/2/ Lange, K.: Umformtechnik. Handbuch für Industrie und Wissenschaft Bd. 1, 2. Auflage. Berlin/Heidelberg/New York/Tokyo: Springer 1984.

/3/ Lippmann, H.; Mahrenholtz, O.: Plastomechanik der Umformung metallischer Werkstoffe. Bd.1. Berlin/Heidelberg/New York: Springer 1967.

/4/ Siebel, E.: Die Formgebung im bildsamen Zustand. Düsseldorf: Verlag Stahleisen 1932.

/5/ Sachs, G.: Zur Theorie des Ziehvorgangs. Z.angew.Math.Mech. 7 (1927), S.235-236.

/6/ Prager, W.; Hodge, P.G.: Theorie idealplastischer Körper. Wien: Springer 1954.

/7/ Hill, R.; The mathematical theory of plasticity. Oxford: Clarendon Press 1950.

/8/ Gerhardt, J.; Tekkaya, A.E.: Simulation of Drawing Processes by the Finite Element Method. In: Proceedings of the 2nd ICTP (1987). Hrsg.: Lange, K.: Berlin/Heidelberg/New York/London/Paris/Tokyo: Springer 1987.

/9/ Steck, E.: Numerische Behandlung von Verfahren der Umformtechnik. Berichte aus dem Institut für Umformtechnik, Universität Stuttgart, Nr.22. Essen: Girardet 1971.

/10/ Pohl, W.: Ein Verfahren zur näherungsweisen Berechnung der Wärmeentwicklung und der Temperaturverteilung beim Kaltstauchen von Metallen. Berichte aus dem Institut für Umformtechnik, Universität Stuttgart, Nr.23. Essen: Girardet 1972.

/11/   Adler, G.: Ein Verfahren zur näherungsweisen Berechnung des
        Spannungs- und Bewegungszustandes beim Fließen starrplastischer
        Werkstoffe. Berichte aus dem Institut für Umformtechnik, Universi-
        tät Stuttgart, Nr.12. Essen: Girardet 1969.

/12/   Lahoti, G.D.; Altan, T.: Prediction of temperature distributions in
        axisymmetric compression and torsion. J.Engg.Mat.Tech.,Trans.
        ASME 4 (1975), S.113-120.

/13/   Paukert, R.: Rechnerische Ermittlung von Zustandsgrößen beim
        Radialumformen. Berichte aus dem Institut für Umformtechnik,
        Universität Stuttgart. Nr. 78. Berlin/Heidelberg/New York/Tokyo:
        Springer 1983.

/14/   Thomsen, E.G.: Visioplasticity. CIRP Annals 1963, Vol. 12/1963.

/15/   Zienkiewicz, O.C.:. Methode der finiten Elemente. München: Hanser
        1984.

/16/   Bathe, K.J.: Finite-Elemente-Methoden. Berlin/Heidelberg/New York/
        Tokyo: Springer 1986.

/17/   Gallagher, R.H.: Finite-Element-Analysis. Berlin/Heidelberg/New
        York: Springer 1976.

/18/   Schwarz, H.R.: Methode der finiten Elemente. Stuttgart: B.G.
        Teubner 1980.

/19/   Kobayashi, S.: Metal Forming and the Finite Element Method - Past
        and Future. Proc. 15th MTDR-Conference, Birmingham, 1985.

/20/   Mahrenholtz, O.; Dung, N.L.: On finite element methods in metal
        working. Steel Research 57 (1986) No. 3.

/21/   Roll, K.; Tekkaya, A.E.: Prozeßsimulation in der Umformtechnik mit
        der Methode der finiten Elemente. Draht 5 (1985), S.213-218 und
        Draht 6 (1985), S.280-283.

/22/ Lung, M.: Ein Verfahren zur Berechnung des Geschwindigkeits- und Spannungsfeldes bei stationären starr-plastischen Formänderungen mit finiten Elementen. Dr.-Ing. Dissertation, TU Hannover 1971.

/23/ Lee, C.H., Kobayashi, S.: New Solutions to Rigid-Plastic Deformation Problems Using a Matrix Method. J. Eng. f. Ind. 95 (1973), S. 865-873.

/24/ Kobayashi, S.: Rigid-Plastic Finite Element Analysis of Axisymmetric Metal Forming Processes. ASME Winter Annual Meeting, Atlanta 1978.

/25/ Malkus, D.S.: Finite Element Analysis of Incompressible Solids. Dissertation, Boston University, 1976.

/26/ Chen, C.C.; Kobayashi, S.: Rigid Plastic Finite Element Analysis of Ring Compression. In: Applications of Numerical Methods to Forming Processes, ASME, AMD-Vol 28 (1978), S.163-174.

/27/ Chen, C.C.; Kobayashi, S.: Rigid-Plastic Finite Element Analysis of Plane-Strain Closed-Die Forging. In: Process Modelling Fundamentals and Applications to Metals, ASM Materials/Metalworking Technology Series (1980), S.167-183.

/28/ Lange, K.; Osen, W.: Cold Extrusion Processes Combined with Radial Extrusion. Proc. NAMRC XIII, 1985, S.176-183.

/29/ Dung, N.L.; Erlmann, K.: Die Berechnung der Metallumformung bei großen plastischen Formänderungen mit der Methode der finiten Elemente. Abschlußbericht zum Forschungsvorhaben der Stiftung Volkswagenwerk I/34 210, Dez.1980.

/30/ Dung, N.L.; Mahrenholtz, O.: Progress in the Analysis of Unsteady Metal-Forming Processes Using the Finite Element Method. In: Numerical Methods in Industrial Forming Processes. Hrsg.: J.F.T. Pittman u.a., Swansea: Pineridge Press (1982), S.187-196.

/31/   Chen, C.C.; Oh, S.I.; Kobayashi, S.: Ductile Fracture in Axisym-
        metric Extrusion and Drawing. Journal of Engg. f. Ind. (1979),
        Vol.101, S.23-35.

/32/   Roll, K.: Calculation of Metal Forming Processes by Finite Element
        Methods. In: Applications of Numerical Methods to Forming Proces-
        ses. AMD-Vol.28, S.67-81.

/33/   Shima, S.; Mori, K.; Oda, T.; Osakada, K.: Rigid-Plastic Finite
        Element Analysis of Strip Rolling. Proc. 4th Int.Conf.on Prod.Eng.,
        Tokyo 1980, S.82-87.

/34/   Li, G.-J.; Kobayashi, S.: Rigid-Plastic Finite-Element Analysis of
        Plane Strain Rolling. J. Eng. Ind., Vol.104 (1982), S.55-64.

/35/   Dung, N.L.; Mahrenholtz, O.: Progress in the Analysis of Unsteady
        Metal-Forming Processes Using the Finite-Element-Method. In:
        Numerical Methods in Industrial Forming Processes. Hrsg. J.F.T.
        Pittmann et al., Swansea: Pineridge Press 1982.

/36/   Mahrenholtz, O.; Westerling, C.; Klie, W.; Dung, N.L.: Finite
        Element Approach to Large Plastic Deformation at Elevated Tempera-
        tures. Proc. ASME-Winter Annual Meeting, New Orleans 1984.

/37/   Westerling, C.: Numerische Simulation instationärer Umformprozesse.
        VDI-Fortschr.-Ber., Reihe 2, Nr.118. Düsseldorf: VDI-Verlag 1986.

/38/   Webster, W.; Davis, R.: Finite Element Analysis of Round to Square
        Extrusion Processes. Proc. VIth NAMRC, 1978, S.166-170.

/39/   Mori, K.; Osakada, K.: Simulation of Three Dimensional Rolling by
        the Rigid-Plastic Finite Element Method. In: Numerical Methods in
        Industrial Forming Processes. Hrsg.: J.F.T. Pittman u.a., Swansea:
        Pineridge Press 1982.

/40/   Li, G.-J.; Kobayashi, S.: Spread Analysis in Rolling by the
        Rigid-Plastic Finite Element Method. In: Numerical Methods in
        Industrial Forming Processes. Hrsg.: J.F.T. Pittman u.a., Swansea:
        Pineridge Press 1982.

/41/   Mori, K.; Osakada, K.; Nakadoi, K.; Fukuda, M.: Simulation of Three
         Dimensional Deformation in Metal Forming by the Rigid-Plastic
         Finite Element Method. In: Advanced Technology of Plasticity
         (1984), Vol.II (First International Conf. of Plasticity, Tokyo).

/42/   Osakada, K.; Mori, K.; Kudo, H.: The use of micro- and supercompu-
         ters for simulation of metal forming processes. CIRP Annals 34
         (1985), S.241-244.

/43/   Yamada, Y.; Yoshimura, N.; Sakurai, T.: Plastic Stress-Strain
         Matrix and its Application for the Solution of Elastic-Plastic
         Problems by the Finite Element Method. Int. J. Mech. Sci., Vol.10,
         1968, S.343-354.

/44/   Zienkiewicz, O.C.; Valliappan, S.; King, I.P.: Elasto-Plastic
         Solutions of Engineering Problems. Initial Stress, Finite-Element
         Approach. Int. J. Num. Meth. Eng., Vol. 1, 1969, S.75-100.

/45/   Dieterle, K.: Faltenbildung als Verfahrensgrenze beim Stauchen von
         Hohlkörpern. Berichte aus dem Institut für Umformtechnik, Universi-
         tät Stuttgart, Nr.30. Essen: Girardet 1975.

/46/   Lee, E.H.: Elastic-Plastic Deformation at Finite Strains. J.
         Applied Mechanics, Trans. ASME 36 (1969) 3, S.1-6.

/47/   McMeeking, R.M.; Rice, J.R.: Finite-Element Formulations for
         Problems of Large Elastic-Plastic Deformation. Int. J. Solids
         Struct., 1975, Vol.11, S.601-616.

/48/   Argyris, J.H.; Doltsinis, J.St.; Pimenta, P.M.; Wüstenberg, H.:
         Thermomechanical Response of Solids at High Strains - Natural
         Approach. Comp. Meth. Appl. Mech. Eng. 32 (1982), S.3-57.

/49/   Argyris, J.H.; Doltsinis, J.St.: On the Natural Formulation and
         Analysis of Large Deformation Coupled Thermomechanial Problems.
         Comp. Meth. Appl. Mech. Eng. 25, 1081.

/50/ Tekkaya, A.E.: Ermittlung von Eigenspannungen in der Kaltmassivumformung. Berichte aus dem Institut für Umformtechnik, Universität
Stuttgart, Nr.83. Berlin/Heidelberg/New York/Tokyo: Springer 1986.

/51/ Tekkaya, A.E.; Roll, K.; Gerhardt, J.; Herrmann, M.; Du, G.:
Finite-Element-Simulation of Metal Forming Processes using two
different Material-Laws. In: Simulation of Metal Forming Processes
by the Finite Element Method (SIMOP I; Workshop, Stuttgart 1985).
Berichte aus dem Institut für Umformtechnik, Universität Stuttgart,
Nr.85. Berlin/Heidelberg/New York/Tokyo: Springer 1986.

/52/ Gerhardt, J.: Finite-Elemente-Simulation zur Ermittlung von Eigenspannungen beim Fließpressen und Drahtziehen. In: Neuere Entwick-
lungen in der Massivumformung. Forschungsgesellschaft Umformtechnik
mbH.; Stuttgart, 1987.

/53/ Gerhardt, J.; Tekkaya, A.E.: Applications of the Finite Element
Method on the Determination of Residual Stresses in Drawing and
Extrusion. In: Computational Plasticity. Hrsg.: Owen, D.R.J.;
Hinton, E.; Onate, E.. Swansea: Pineridge Press 1987.

/54/ Gerhardt, J.; Tekkaya, A.E.: Determination of Residual Stresses in
Cold-Formed Workpieces. In: Proceedings of the International
Conference on Residual Stresses, Garmisch-Partenkirchen, 1986.
Erscheint demnächst.

/55/ Gerhardt, J.; Tekkaya, A.E.: Eigenspannungen beim Drahtziehen mit
einem oder mehreren Ziehsteinen. Draht 38 (1987) 6, S.473-476.

/56/ Wertheimer, T.B.: Problems in Large Deformation Elasto-Plastic
Analysis Using the Finite Element Method. Ph.D.-Thesis, Stanford
University, 1982.

/57/ Pillinger, I.; Hartley, P.; Sturgess, C.E.N.; Rowe, G.W.: An
Elastic-Plastic Three-Dimensional Finite-Element Analysis of the
Upsetting of Rectangular Blocks and Experimental Comparison. Int.
J. Mach. Tool Des. Res. Vol. 25, No.3 (1985), S.229-243.

/58/   Pillinger, I.; Hartley, P; Sturgess, C.E.N.; Rowe, G.W.: Elastic-
       Plastic Three-Dimensional Finite-Element Analysis of Bulk Metal
       Forming Processes. In: Simulation of Metal Forming Processes by the
       Finite Element Method (SIMOP I; Workshop Stuttgart 1985). Berichte
       aus dem Institut für Umformtechnik, Nr.85. Berlin/Heidelberg/New
       York/Tokyo: Springer 1986.

/59/   Pillinger, I.; Hartley, P.; Sturgess, C.E.N.; Rowe, G.W.: Finite-
       element modelling of metal flow in three-dimensional and tempera-
       ture-dependent forming. In: Proceedings of the NUMIFORM 86
       Conference, Göteborg, 25-29 August 1986.

/60/   Kiefer, B.V.: Three-Dimensional Finite Element Prediction of
       Material Flow and Strain Distributions in Rolled Rectangular
       Billets. Advanced Technology of Plasticity (1984), Vol.2.

/61/   Zienkiewicz, O.C.; Godbole, P.N.: Flow of Plastic and Viscoplastic
       Solids with Special Reference to Extrusion and Forming Processes.
       Int. J. Num. Meth. Eng. 8 (1974), S.3-16.

/62/   Zienkiewicz, O.C.; Jain, P.C.; Onate, E.: Flow of Solids During
       Forming and Extrusion: Some Aspects of Numerical Solutions. Int. J.
       Solids Structures, 14 (1978), S.15-38.

/63/   Bingham, E.C.: Fluidity and Plasticity. New York: McGraw-Hill Book
       Company 1922.

/64/   Perzyna, P.: Fundamental Problems in Viscoplasticity. Adv.Appl.
       Mech., 9 (1966), S.243.

/65/   Oh, S.I.; Rebelo, N.; Kobayashi, S.: Plastic Deformation of
       Rate-Sensitive Materials in Metal Forming. In: Metal Forming
       Plasticity. Ed.: H. Lippmann, Springer-Verlag (1979). IUTAM
       Symposium Tutzing/Germany (1978), S.273-291.

/66/   Rebelo, N.; Kobayashi, S.: A Coupled Analysis of Viscoplastic
       Deformation and Heat Transfer I + II. Int.J.Mech.Sci., Vol.22
       (1980), S.699-705, S.707-718.

/67/   Dawson, P.R.: Viscoplastic Finite Element Analysis of Steady State
         Forming Processes Including Strain History and Stress Flux
         Dependence. In: Applications of Numerical Methods to Forming
         Processes, ASME, AMD-Vol.28 (1978), S.55-66.

/68/   Zienkiewicz, O.C.; Jain, P.C.; Onate, E.: Flow of Solids During
         Forming and Extrusion: Some Aspects of Numerical Solutions. Int. J.
         Solids Structures 14 (1978), S.15-38.

/69/   Zienkiewicz, O.C.; Onate, E.; Heinrich, J.C.: A General Formulation
         for Coupled Thermal Flow of Metals Using Finite Elements. Int. J.
         Num. Meth. Eng. 17 (1981), S.1497-1514.

/70/   Ficke, J.A.; Oh, S.I.; Malas, J.: FEM Simulation of Closed Die
         Forging of Isothermal Titanium Disk Forging Using ALPID. NAMRC XII
         (1984), S.166-172.

/71/   Sun, J.-X.; Kobayashi, S.: Analysis of Block Compression with
         Simplified Three-Dimensional Elements. Advanced Technology of
         Plasticity (1984), Vol. 2.

/72/   Park, J.J.; Kobayashi, S.: Three-Dimensional Finite Element
         Analysis of Block Compression. Int. J. Mech. Sci., Vol.26, No.3
         (1984), S.165-176.

/73/   Park, J.J.; Oh, S.I.: Application of three-dimensional Finite
         Element Analysis to metal forming processes. NAMRC XV (1987),
         S.296-303.

/74/   Shiau, Y.C.; Kobayashi, S.: Three-Dimensional Finite Element
         Analysis of Open-Die Forging. Int. J. for Num. Meth. in Eng.,
         Vol.25 (1988), S.67-85.

/75/   Cescutti, J.P.; Soyris, N.; Surdon, G.; Chenot, J.L.: Thermo-Mecha-
         nical Finite Element Calculation of Three-Dimensional Hot Forging
         with Remeshing. In: Proceedings of the 2nd ICTP (1987). Hrsg.:
         Lange, K.: Berlin/Heidelberg/New York/London/Paris/Tokyo: Springer
         1987.

/76/ Argyris, J.; Doltsinis, J.St.; Fischer, H.; Wüstenberg, H.: Ta panta rhei ("Alles fließt"). Computer Methods in Applied Mechanics and Engineering 51 (1985), S.289-362.

/77/ Ismar, H.; Mahrenholtz, O.: Technische Plastomechanik. Wiesbaden: Vieweg 1978.

/78/ Markov, A.A.: On Variational Principles in the Theory of Plasticity. Mehkanika 11 (1947), S.339-350.

/79/ Hill, R.: A Variational Principle of Maximum Plastic Work in Classical Plasticity. Quart. J. Mech. Appl. Math. 1 (1948), S.18-28.

/80/ Nagtegaal, J.C.; Parks, D.M.; Rice, J.R.: On Numerically Accurate Finite Element Solutions in the Fully Plastic Range. Computer Methods in Applied Mechanics and Engineering Vol.4 (1974), S.153-177.

/81/ Dung, N.L.: Ein Beitrag zur Berechnung instationärer starr-plastischer Formänderungen mit einer Finite-Element-Methode. VDI-Fortschr.-Ber., Reihe 2, Nr.46. Düsseldorf: VDI-Verlag 1981.

/82/ Mori. K.I.: Analysis of Metal Forming Processes by Finite Element Method for compressible rigid-plastic materials. Ph.D.-Thesis, Kyoto University, 1983.

/83/ Zienkiewicz, O.C.: Flow Formulation for Numerical Solution of Forming Processes. In: Numerical Analysis of Forming Processes. Ed.: J.F.T. Pittman et al.. Chichester/New York/Brisbane/Toronto/ Singapore: John Wiley & Sons 1984.

/84/ Kobayashi, S.: Thermoviscoplastic Analysis of Metalforming Problems by the Finite Element Method. In: Numerical Analysis of Forming Processes. Ed: J.F.T. Pittman et al.. Chichester/New York/Brisbane/Toronto/Singapore: John Wiley & Sons 1984.

/85/ Farren, W.S.; Taylor, T.I.: The heat developed during plastic extension of metals. Proc. Royal Soc. London A 107 (1925), S.422-451.

/86/ Coleman, B.D.; Gurtin, M.E.: Thermodynamics with Internal State Variables. J. Chem. Phys. 47 (1967), S.597-613.

/87/ Coleman, B.D.; Noll, W.: The Thermodynamics of Elastic Materials with Heat Conduction and Viscosity. Arch. Rational Mech. Anal. 13 (1963), S.167-178.

/88/ Perzyna, P.: Thermodynamic Theory of Viscoplasticity. Adv. Appl. Mech. 11 (1971), S.313-355.

/89/ Perzyna, P.; Sawczuk, A.: Problems of Thermo-Plasticity. Nuc. Eng. Design 24 (1973). S.1-55.

/90/ Gröber, H.; Erk, S.; Grigull, U.: Die Grundgesetze der Wärmeüber-tragung. Berlin/Heidelberg/New York: Springer 1981.

/91/ Kolár, V.; Kratochvil, J.; Leitner, F.; Zenisek, A.: Berechnung von Flächen- und Raumtragwerken nach der Methode der finiten Elemente. Wien/New York: Springer 1975.

/92/ Irons, B.M.: Quadrature roles for brick boxed finite elements. Int. J. Num. Meth. Eng. 3 (1971), S.293-294.

/93/ Park, J.J.: Applications of the Finite Element Method to Metal Forming Problems. Ph.D.-Thesis, University of California, Berkeley, 1982.

/94/ Rebelo, N.u.a.: A comparative Study of Algorithms applied in Finite Element Analysis of metal Forming Problems. Preprint.

/95/ Hinton, E.; Owen, D.R.: Finite Element Programming. London/New York/San Francisco: Academic Press 1977.

/96/ Ralston, A.; Rabinowitz, P.: A First Course in Numerical Analysis (2nd edn). New York: McGraw-Hill 1978.

/97/   Jordan-Engeln, G.; Reutter, F.: Numerische Mathematik für Ingenieu-
        re. Band 104. Mannheim/Wien/Zürich: B.I.-Wissenschaftsverlag 1978.

/98/   Oh, S.I.: priv. Mitteilung, 1987.

/99/   Dahlquist, G.; Björck, A.; Anderson, N.: Numerical Methods.
        Englewood Cliffs, New Jersey: Prentice-Hall 1974.

/100/   Du, G.: Untersuchung über die numerische Genauigkeit der Berechnun-
        gen von Problemen der Kaltmassivumformung mit Hilfe der Methode der
        finiten Elemente. Diplomarbeit am Institut für Umformtechnik
        (unveröffentlicht), Universität Stuttgart, 1985.

/101/   Badawy, A.; Oh, S.I.; Altan, T.: A remeshing technique for the FEM
        simulation of metal forming processes. Proc. of ASME Int. Computer
        Engg. Conf., Chicago, USA, 1983.

/102/   Nagtegaal, J.C.; Rebelo, N.: On the development of a general
        purpose finite element program for analysis of forming processes.
        In: Proceedings of the NUMIFORM 86 Conference, Göteborg, 25-29
        August 1986.

/103/   Bathe, K.J.; Chaudhary, A.: A Solution Method for Planar and
        Axisymmetric Contact Problems, Int. J. Num. Meth. Engg. 21 (1985),
        S.65-88.

/104/   Simo, J.C.; Wriggers, P.; Taylor, R.L.: A Perturbed Lagrangian
        Formulation for the Finite Element Solution of Contact Problems.
        Comp. Meth. Appl. Mech. Engg. 50 (1985), S.163-180.

/105/   Hallquist, J.O.; Goudreau, G.L.; Benson, D.J.: Sliding Interfaces
        with Contact-Impact in Large-Scale Langrangian Computations. Comp.
        Meth. Appl. Mech. Engg. 51 (1985), S.107-137.

/106/   Doltsinis, J.St.: Computer-Simulation für superplastische Umform-
        prozesse. 15th International FEM-Congress, Baden-Baden, 17.-18.
        Nov.1986.

/107/   Oh, S.I.: Finite Element Analysis of Metal Forming Processes with
         Arbitrarly Shaped Dies. Int. J. Mech. Sci. 8 (1982), S.479-493.

/108/   Rebelo, N.; Wertheimer, T.B.: General Purpose Procedures for
         Elastic-Plastic Analysis of Metal Forming Processes. Proc. NAMRC
         XIV (1986), S.414-419.

/109/   Lange, K. (Hrsg.): Lehrbuch der Umformtechnik, Bd. 2 (Massivumfor-
         mung). Berlin/Heidelberg/New York: Springer 1974.

/110/   Dahlheimer, R.: Beitrag zur Frage der Spannungen, Formänderungen
         und Temperaturen beim axialsymmetrischen Strangpressen. Berichte
         aus dem Institut für Umformtechnik, Universität Stuttgart, Nr. 20.
         Essen: Girardet 1970.

/111/   Richter, F.: Physikalische Eigenschaften von Stählen und ihre
         Temperaturabhängigkeit. Stahleisen-Sonderberichte, Heft 10, Düssel-
         dorf: Verlag Stahleisen m.b.H. 1983.

/112/   Pöhlandt, K.: Werkstoffprüfung für die Umformtechnik. Berlin/
         Heidelberg/New York/London/Paris/Tokyo: Springer 1986.

/113/   Burgdorf, M.: Über die Ermittlung des Reibwertes für Verfahren der
         Massivumformung durch den Ringstauchversuch. Industrie-Anzeiger
         Nr.V (1967), S.15-20.

/114/   Horlacher, U.: priv. Mitteilung, 1988.

/115/   Lippmann, H.: Mechanik des plastischen Fließens. Berlin/Heidel-
         berg/New York: Springer 1981.

/116/   Hüfner, E.: Möglichkeiten zur Erfassung des dreiachsigen Formände-
         rungszustandes bei radialumgeformten Werkstücken. Diplomarbeit am
         Institut für Umformtechnik (unveröffentlicht), Unversität Stutt-
         gart, 1985.

/117/   Witzel, W.: priv. Mitteilung, 1988.

/118/ Lange, K.; Roll, K.; Wilhelm, M.; Herrmann, M.: Prozeßsimulation in
der Umformtechnik. 4. Aachener Stahlkolloquium, Aachen, 30. Juni -
1. Juli 1988.

/119/ Herbertz, R.: Einsatz Finiter-Elemente Methoden für die Simulation
von Umformprozessen. 15th International FEM-Congress, Baden-Baden,
17.-18. Nov. 1986.

Berichte aus dem Institut für Umformtechnik der Universität Stuttgart

Herausgeber Professor Dr.-Ing. Kurt Lange

Die Bände sind im Erscheinungsjahr und in den folgenden drei Kalenderjahren zu beziehen durch den örtlichen Buchhandel oder durch Lange & Springer, Otto-Suhr-Allee 26-28, 1000 Berlin 10.